目录
CONTENTS

Part 1
美味粥饭

粥

目 录

Part 2
花样面点

面条&面片

包子

目 录

Part 3
滋补汤煲

健康素汤

营养肉汤

目 录

美味粥饭

 **粥**

黄橘红糖粥

主料 黄芪30克，粳米100克，橘皮末3克。

调料 红糖适量。

做法

1. 将黄芪洗净，放入锅内，加适量清水煎煮，去渣取汁。
2. 锅置火上，放入粳米、黄芪汁和适量水煮粥，粥成加橘皮末煮沸，再加入红糖调匀即可。

做法支招 粳米不易煮烂，应该用温水先泡两个小时再煮，这样就能煮得黏稠。

紫米葡萄粥

主料 黑糯米200克，葡萄干20克。

调料 红糖适量。

做法

1. 葡萄干洗净；黑糯米洗净，用水浸泡2小时。
2. 锅中倒入适量水，倒入黑糯米，大火煮沸，转小火煮至米汤成浓稠状，加入葡萄干稍煮，加红糖调味即成。

营养小典 紫米中含有丰富蛋白质、脂肪以及核黄素、硫胺素、叶酸等多种维生素，以及铁、锌、钙、磷等人体所需微量元素。

主料 紫米200克，芸豆、葡萄干各20克。

做法

1.将紫米淘洗干净，用水浸泡2小时；芸豆洗净，切小段；葡萄干洗净，切块。

2.锅中倒入适量水，放入紫米、芸豆，大火煮沸，转小火煮至紫米熟烂，在粥上面撒上葡萄干块，稍煮即可。

紫米芸豆粥

葡萄干要冲洗干净，沥干水分。

做法支招

主料 黑豆、大米各75克，绿豆、红豆25克，陈皮5克。

调料 红糖适量。

做法

1.拣去豆中杂质，洗净，浸水，备用；大米洗净；陈皮浸软、洗净。

2.锅内加水，烧开后下豆、米及陈皮同煮至烂。

3.最后放入红糖融化即可。

生发乌发豆粥

这道五色豆粥开胃健脾，利水消肿，寒热搭配，不凉不燥，泻不伤脾胃，补不增淤滞，是一剂驻颜长寿的妙方。

营养小典

松子仁粥

主料 松子仁30克，粳米150克。

调料 精盐适量。

做法

1. 将松子仁打破，取洁白者洗净，沥干水，研烂如膏。
2. 把煮锅中加清水适量，放入松子膏及粳米，置于火上煮，烧开后改用中小火煮至米烂汁黏时，加入少许精盐调味即可。

做法 支招 用尖嘴钳子可以很轻松地让松子开口，而且安全，不易伤到手。

紫苋菜粥

主料 紫苋菜30克，糯米100克。

调料 精盐适量。

做法

1. 紫苋菜洗净，用水煮10分钟。
2. 取煮紫苋菜汁和糯米共煮至粥成，加精盐调味即可。

营养 小典 紫苋菜富含维生素及矿物质，易被人体吸收

主料 木瓜、胡萝卜、玉米粒各20克，大米100克。

调料 葱花、精盐各适量。

做法

1.大米泡发洗净；木瓜、胡萝卜去皮洗净，切成小丁；玉米粒洗净。

2.锅置火上，放入清水与大米，用大火煮至米粒开花，放入木瓜、胡萝卜丁、玉米粒煮至粥浓稠，加精盐调味，撒上葱花即可。

胡萝卜玉米粥

胡萝卜内含丰富的维生素A，对于眼部保养有很大的帮助，能有效地减少黑眼圈的形成。

营养小典

主料 牛奶50毫升，麦片100克，鸡蛋1个（约60克）。

做法

1.将牛奶放入锅内煮开；鸡蛋磕开打散成蛋液。

2.牛奶锅中加入麦片搅动至变稠，淋入蛋液，煮开即可。

蛋花麦片粥

在食用麦片的同时，加入牛奶和鸡蛋，可以保证营养更为均衡。

做法支招

红枣桂圆粥

主料 大米100克，桂圆肉、红枣各20克。

调料 红糖适量。

做法

1.大米淘洗干净，放入清水中浸泡；桂圆肉、红枣洗净备用。

2.锅置火上，注入清水，放入大米，煮至粥将成，放入桂圆肉、红枣煨煮至酥烂，加红糖调匀即可。

做法支招 以果肉透明的桂圆肉为最好。

红枣醪糟粥

主料 醪糟50毫升，大米100克，鸡蛋1个（约60克），红枣20克。

调料 白糖适量。

做法

1.大米洗净；鸡蛋煮熟切碎；红枣洗净。

2.锅置火上，倒入适量水，放入大米、醪糟煮至七成熟，放入红枣，煮至米粒开花，放入鸡蛋，加入白糖调匀即可。

做法支招 糖不要加太多，以免过甜。

鸡蛋生菜粥

主料　鸡蛋1个（约60克），生菜、玉米粒各20克，大米100克。

调料　葱花、精盐、鸡汤、香油各适量。

做法

1.大米洗净，用清水浸泡；玉米粒洗净；生菜洗净，切丝；鸡蛋煮熟后切碎。

2.锅置火上，倒入适量水，放入大米、玉米粒煮至八成熟，倒入鸡汤稍煮，放入鸡蛋、生菜丝，加精盐、香油调匀，撒上葱花即可。

生菜最后加入，营养更好。

做法支招

美体丰胸粥

主料　葡萄、木瓜各20克，大米100克。

调料　白糖适量。

做法

1.葡萄去皮；木瓜切成块。

2.大米加水煮成粥，加白糖、木瓜块、葡萄调匀即可。

北方木瓜，也就是宣木瓜，多用来治病，不宜鲜食。南方的番木瓜可以生吃，也可和肉类一起炖煮。

饮食宜忌

首乌芝麻粥

主料 红枣20克，何首乌、黑芝麻各10克，大米100克。

调料 红糖适量。

做法

1. 何首乌入锅，倒入一碗水熬至半碗，去渣；红枣去核洗净；大米淘洗干净。

2. 锅置火上，倒入适量水，放入大米，大火煮至米粒绽开，倒入何首乌汁，放入红枣、黑芝麻，用小火煮至粥成闻见香味，放入红糖调味即可。

做法支招 宜选用无皮、干燥的何首乌。

燕麦核桃仁粥

主料 燕麦100克，核桃仁、玉米粒各20克，鲜奶150毫升。

调料 白糖适量。

做法

1. 燕麦洗净泡发。

2. 锅置火上，倒入鲜奶，放入燕麦煮开，加入核桃仁、玉米粒同煮至浓稠状，调入白糖拌匀即可。

做法支招 鲜奶要适量，不宜太多。

主料 黑豆、毛豆各20克，荞麦、糙米各50克。

调料 姜片3克。

做法

1. 黑豆、毛豆、糙米均洗净，清水浸泡8小时；荞麦洗净。

2. 黑豆、毛豆、糙米同放入锅中煮熟，加入荞麦、姜片，大火煮沸，转小火煮5分钟即成。

双豆糙米粥

营养小典

病后养生，调理脾胃。依此方法，用料理机打成糊状，也可当作"疗养豆奶"饮用。

白菜玉米粥

主料 大白菜50克，玉米糁100克，芝麻10克。

调料 精盐、味精各适量。

做法

1. 大白菜洗净，切丝；芝麻洗净。

2. 锅置火上，注入适量水烧沸，边搅拌边倒入玉米糁，加入大白菜丝、芝麻，用小火煮至粥成，加精盐、味精调味即可。

做法支招

水要适量，以免过稀或过稠。

小白菜萝卜粥

主料 小白菜、胡萝卜各30克，大米100克。

调料 精盐、味精、香油各适量。

做法

1. 小白菜洗净，切丝；胡萝卜洗净，切小块；大米淘洗干净。

2. 锅置火上，倒水后，放入大米，大火煮至米粒绽开，放入胡萝卜、小白菜,用小火煮至粥成,放入精盐、味精，滴入香油即可食用。

做法支招 切小白菜时顺着其粗纤维切,这样营养更佳。

菠菜山楂粥

主料 菠菜、山楂各20克，大米100克。

调料 冰糖适量。

做法

1. 大米淘洗干净，用清水浸泡；菠菜洗净；山楂洗净。

2. 锅置火上，放入大米，加适量清水煮至七成熟，放入山楂煮至米粒开花，放入冰糖、菠菜稍煮后调匀便可。

做法支招 山楂切开，味道更好。

芹菜红枣粥

主料 芹菜、红枣各20克，大米100克。

调料 精盐、味精各适量。

做法

1.芹菜洗净，取梗切成小段；红枣去核洗净；大米淘洗干净。

2.锅置火上，倒入适量水，放入大米、红枣，旺火煮至米粒开花，放入芹菜梗，改用小火煮至粥浓稠时，加精盐、味精调味即可。

红枣先用水泡发一下，更易去核。

做法 支招

香葱冬瓜粥

主料 冬瓜50克，大米100克。

调料 葱花、精盐各适量。

做法

1.冬瓜去皮洗净，切块；葱洗净，切葱花；大米泡发洗净。

2.锅置火上，加水后放入大米，旺火煮至米粒绽开，放入冬瓜块，改用小火煮至粥浓稠，加精盐调味，撒上葱花即可。

冬瓜切块，切小些，这样口感会更好。

做法 支招

冬瓜银杏姜粥

主料 冬瓜、银杏各30克，大米100克。

调料 姜末、高汤、精盐、胡椒粉、葱花各适量。

做法

1.银杏去壳、皮，洗净；冬瓜去皮洗净，切块；大米洗净。

2.锅置火上，倒入适量水，放入大米、银杏，大火煮沸，转小火煮至米粒开花，放入冬瓜块、姜末，倒入高汤，煮至粥成，加精盐、胡椒粉调味，撒上葱花即可。

做法支招 银杏需先用温水浸泡数小时。

红糖小米粥

主料 小米150克。

调料 红糖适量。

做法

1.将小米淘洗干净。

2.锅置火上，加入适量水，放入小米，煮至粥成，加入红糖，拌匀即可。

营养小典 小米含有丰富的维生素和矿物质。小米中的维生素B_1是大米的好几倍，矿物质含量也高于大米。

[主料] 红薯20克，南瓜30克，玉米面50克。

[调料] 红糖少许。

[做法]

1. 将红薯、南瓜去皮，洗净，剁成碎末；玉米面用适量的冷水调成稀糊。

2. 锅置火上，加适量清水，烧开，放入红薯末和南瓜末煮5分钟左右，倒入玉米糊，煮至黏稠，加入红糖调味，搅拌均匀即可。

南瓜红薯粥

红薯含有丰富营养元素，特别是含有丰富的赖氨酸，能弥补大米、面粉中赖氨酸的不足。

[营养小典]

[主料] 南瓜、菠菜各30克，豌豆10克，大米100克。

[调料] 精盐、味精各适量。

[做法]

1. 南瓜去皮洗净，切丁；豌豆洗净；菠菜洗净，切小段，放入沸水锅焯烫片刻，捞出沥干；大米泡发洗净。

2. 锅置火上，倒入适量水，放入大米。大火煮至米粒绽开，放入南瓜丁、豌豆，改用小火煮至粥浓稠，加入菠菜段煮3分钟，调入精盐、味精搅匀即可。

南瓜菠菜粥

南瓜削皮后再烹制，味道会更好。

[做法支招]

南瓜山药粥

主料 南瓜、山药各30克，大米100克。

调料 精盐适量。

做法

1.大米洗净，泡发1小时备用；山药、南瓜均去皮洗净，切块。

2.锅置火上，倒入适量水，放入大米，大火煮沸，放入山药块、南瓜块煮至米粒绽开，改用小火煮至粥成，加精盐调味即可。

营养小典 南瓜的老瓜可作饲料或杂粮，所以有很多地方又称其为饭瓜。

南瓜木耳粥

主料 木耳10克，南瓜30克，糯米100克。

调料 葱花、精盐各适量。

做法

1.糯米洗净，浸泡30分钟捞出沥干水分；木耳泡发洗净，切丝；南瓜去皮洗净，切成小块。

2.锅置火上，倒入适量水，放入糯米、南瓜块，大火煮至米粒绽开，放入木耳丝，小火煮至成粥，调入精盐搅匀，撒上葱花即可。

营养小典 南瓜中含有多种矿物质元素，如钙、钾、磷、镁等，特别适合于中老年人与高血压患者食用。

豆豉葱姜粥

主料 糙米100克，豆豉、红辣椒各20克。

调料 葱花、姜丝、精盐、香油各适量。

做法

1. 糙米洗净，泡发30分钟；红辣椒洗净，切段；豆豉洗净。

2. 锅置火上，倒入适量水，放入糙米煮至米粒绽开，加入豆豉、红辣椒段、姜丝，小火煮至粥成，加精盐调味，滴入香油，撒上葱花即可。

根据个人口味放入适量的豆豉。

做法支招

红米杂烩粥

主料 红米100克，芋头、胡萝卜各50克，芹菜、羊栖菜各20克。

调料 精盐、酱油、高汤各适量。

做法

1. 芋头、胡萝卜均去皮，洗净，切块；芹菜切末，放入盐水中汆烫后捞出；羊栖菜用水泡软，放入沸水锅焯烫后捞出；红米洗净。

2. 锅中倒适量水，放入红米，中火煮开，改小火煮20分钟，倒入高汤、芋头块、胡萝卜块、羊栖菜同煮10分钟，加酱油、精盐，撒芹菜末即可。

红米即红糯米，是米中珍品，其在温补、富含营养的基础上，补血功效更是神奇。

营养小典

胡萝卜菠菜粥

主料 胡萝卜、菠菜各30克，大米100克。

调料 精盐、味精各适量。

做法

1.大米淘洗干净；菠菜洗净，切段，放入沸水锅焯烫片刻，捞出沥干；胡萝卜洗净，切丁。

2.锅置火上，倒入适量水，放入大米，用大火煮至米粒绽开，放入菠菜段、胡萝卜丁，改小火煮至粥成，调入精盐、味精即可。

营养小典 菠菜能润燥滑肠、清热除烦、洁肤抗老。

胡萝卜山药粥

主料 胡萝卜、山药各50克，大米100克。

调料 精盐、味精各适量。

做法

1.山药去皮洗净，切块；大米淘洗干净；胡萝卜洗净，切块。

2.锅内倒水，放入大米，大火煮至米粒绽开，放入山药块、胡萝卜块，改用小火煮至粥成，放入精盐、味精调味即可。

做法支招 山药要煮久一点才会软糯。

[主料] 山药、南瓜各50克，鸡蛋黄1个，粳米100克。

[调料] 精盐、味精各适量。

[做法]

1.山药、南瓜均去皮洗净，切块；粳米泡发洗净。

2.锅内倒水，放入粳米，大火煮至米粒绽开，放入鸡蛋黄、南瓜块、山药块，改用小火煮至粥成，闻见香味时，放入精盐、味精调味即成。

山药南瓜粥

蛋清也可一起加入。

做法支招

[主料] 山药50克，小米100克，黑芝麻10克。

[调料] 葱花、精盐各适量。

[做法]

1.小米泡发洗净；山药洗净，切块；黑芝麻洗净。

2.锅置火上，倒入适量水，放入小米、山药块煮开，加入黑芝麻同煮至浓稠状，调入精盐拌匀，撒上葱花即可。

山药小米粥

加入芝麻后改用小火煮，这样味道更好。

做法支招

莲藕糯米粥

主料 鲜莲藕、花生、红枣各30克，糯米100克。

调料 白糖适量。

做法

1. 糯米淘洗干净，用水浸泡1小时；鲜莲藕洗净，切块；花生洗净；红枣去核洗净。

2. 锅置火上，倒入适量水，放入糯米、莲藕块、花生、红枣，大火煮沸，改用小火煮至粥成，加入白糖调味即可。

做法支招 莲藕切片，切薄一点，更易煮熟。

木耳枣杞粥

主料 木耳、红枣各30克，枸杞子10克，糯米100克。

调料 葱花、精盐各适量。

做法

1. 糯米淘洗干净；木耳泡发洗净；红枣去核洗净，切块；枸杞子洗净。

2. 锅置火上，倒入适量水，放入糯米煮至米粒绽开，放入木耳、红枣、枸杞子，小火煮至粥成，加精盐调味，撒上葱花即可。

做法支招 糯米可以煮久一点，口感更好。

主料 糯米100克，银耳、玉米各20克。

调料 葱花、精盐各适量。

做法

1.银耳泡发洗净；糯米淘洗干净；玉米洗净。

2.锅置火上，倒入适量水，放入糯米煮至米粒开花，放入银耳、玉米，小火煮至粥成浓稠状，加精盐调味，撒上葱花即可。

糯米银耳粥

银耳富有天然植物性胶质，加上它的滋阴作用，长期服用是良好的润肤佳品。

营养小典

主料 芥菜30克，大米100克。

调料 精盐、胡椒粉、八角茴香各适量。

做法

1.大米洗净，泡发30分钟，捞出沥干水分；芥菜洗净，切丝。

2.锅置火上，倒入清水，放入大米，大火煮开，加入八角茴香，煮至粥熟，加入芥菜丝，以小火煮至粥浓稠，调入精盐、胡椒粉拌匀即可。

茴香青菜粥

润肾补肾，舒肝目，达阴郁。

营养小典

生姜红枣粥

主料 生姜、红枣各20克，大米100克。

调料 葱花、精盐各适量。

做法

1. 大米淘洗干净；生姜去皮，洗净，切丝；红枣洗净，去核。

2. 锅置火上，加入适量水，放入大米，大火煮至米粒开花，加入姜丝、红枣同煮至粥浓稠，调入精盐拌匀，撒上葱花即可。

营养小典 生姜发汗解表，温中止呕，温肺止咳，解毒去寒。

生姜辣椒粥

主料 生姜、红辣椒各20克，大米100克。

调料 葱花、精盐各适量。

做法

1. 大米淘洗干净；红辣椒洗净，切圈；生姜洗净，切丝。

2. 锅置火上，倒入适量水，放入大米煮至米粒开花，放入辣椒圈、姜丝，小火煮至粥浓稠，加精盐拌匀，撒上葱花即可。

做法支招 米煮至八成熟时即可放入辣椒。

主料 茶树菇、金针菇、姜丝各25克，大米100克。

调料 葱花、精盐、味精、香油各适量。

做法

1.茶树菇、金针菇均泡发洗净；大米淘洗干净。

2.锅置火上，倒入适量水，放入大米、茶树菇、金针菇、姜丝，旺火煮至米粒绽开，加精盐、味精、香油调味，撒上葱花即可。

双菌姜丝粥

茶树菇要用清水久泡，这样味道更佳。

做法支招

土豆芦荟粥

主料 土豆、芦荟各30克，大米100克。

调料 精盐适量。

做法

1.大米淘洗干净；芦荟去皮洗净，切片；土豆洗净，切小块。

2.锅置火上，倒适量水，放入大米，大火煮至米粒绽开，放入土豆块、芦荟片，小火煮至粥成，加精盐调味即可。

选用饱满一点的芦荟，口感更好。

做法支招

花菜香菇粥

主料 菜花、鲜香菇、胡萝卜各30克，大米100克。

调料 精盐、味精各适量。

做法

1.大米淘洗干净；菜花洗净，掰成小朵；胡萝卜洗净，切成小块；鲜香菇洗净，切条。

2.锅置火上，倒入适量水，放入大米煮至米粒绽开，放入菜花、胡萝卜块、香菇条，改小火煮至粥成，加精盐、味精调味即可。

做法支招 香菇要煮熟方可食用。

枸杞养生粥

主料 水发香菇30克，枸杞子、红枣各10克，糯米100克。

调料 精盐适量。

做法

1.糯米淘洗干净，浸泡30分钟；水发香菇洗净，切丝；枸杞子洗净；红枣洗净，去核。

2.锅置火上，放入糯米、枸杞子、红枣、香菇丝，倒入清水煮至米粒开花，转小火煮至粥浓稠，加精盐拌匀即可。

做法支招 香菇切成细丝，这样更容易煮熟。

香菇红豆粥

主料 ♪ 大米100克，香菇、红豆、马蹄各25克。

调料 🧂 精盐、味精、胡椒粉各适量。

做法 🍲

1.大米淘洗干净；红豆洗净，浸泡2小时，捞出沥水；马蹄去皮，洗净，切块；香菇泡发洗净，切丝。

2.锅置火上，倒入适量水，放入大米、红豆，大火煮开。加入马蹄块、香菇丝同煮至粥呈浓稠状，调入精盐、味精、胡椒粉拌匀即可。

红豆一定要提前泡发，否则不易煮熟。

做法支招

雪里蕻红枣粥

主料 ♪ 雪里蕻、红枣各25克，糯米100克。

调料 🧂 白糖适量。

做法 🍲

1.糯米淘洗干净，用水浸泡30分钟；红枣洗净；雪里蕻洗净，切段。

2.锅置火上，放入糯米，加适量水煮至五成熟，放入红枣煮至米粒开花，放入雪里蕻段、白糖稍煮，调匀即可。

要选择叶片质地脆嫩、纤维较少的新鲜雪里蕻。

做法支招

银耳山楂粥

主料 银耳、山楂各10克，大米100克。

调料 白糖适量。

做法

1.大米淘洗干净；银耳泡发，洗净切碎；山楂洗净，切片。

2.锅置火上，放入大米，倒入适量水煮至米粒开花，放入银耳、山楂片同煮至粥至浓稠状，调入白糖拌匀即可。

做法支招 银耳最好用开水泡发，最后去掉那些未泡发的部分。

香甜苹果粥

主料 大米100克，苹果50克，玉米粒20克。

调料 冰糖、葱花各适量。

做法

1.大米淘洗干净；苹果洗净后切块；玉米粒洗净。

2.锅置火上，放入大米，加适量水煮至八成熟，放入苹果块、玉米粒煮至米烂，放入冰糖熬融调匀，撒上葱花便可。

营养小典 苹果具有生津开胃、解暑除烦、和脾益气、润肠止泻等功效。

枸杞木瓜粥

主料 枸杞子10克，木瓜50克，糯米100克。

调料 白糖、葱花各适量。

做法

1. 糯米洗净，用清水浸泡30分钟；枸杞子洗净；木瓜切开取果肉，切块。

2. 锅置火上，放入糯米，加适量水煮至八成熟，放入木瓜块、枸杞子煮至米烂，加白糖调匀，撒葱花即可。

枸杞子含丰富的胡萝卜素、维生素A、B族维生素、维生素C、钙、铁等营养素，有利明目，俗称"明眼子"。

营养小典

猕猴桃樱桃粥

主料 猕猴桃30克，樱桃10克，大米100克。

调料 白糖适量。

做法

1. 大米淘洗干净；猕猴桃去皮洗净，切块；樱桃洗净，去核。

2. 锅置火上，倒入适量水，放入大米煮至米粒绽开后，放入猕猴桃块、樱桃，改用小火煮至粥成，加白糖调味即可。

猕猴桃味甘酸，性寒，有解热、止渴、通淋、健胃的功效。

营养小典

桂圆糯米粥

主料 桂圆肉30克，糯米100克。

调料 白糖、姜丝各适量。

做法

1. 糯米淘洗干净。
2. 锅置火上，放入糯米，加适量水煮至粥将成，放入桂圆肉、姜丝，煮至米烂，加入白糖调匀即可。

营养小典 桂圆改善虚劳羸弱、失眠、健忘、惊悸、怔忡、心虚头晕效果明显。

草莓绿豆粥

主料 糯米150克，绿豆、草莓各50克。

调料 白糖适量。

做法

1. 绿豆挑去杂质，淘洗干净，用清水浸泡4小时；草莓择洗干净。
2. 糯米淘洗干净，与泡好的绿豆一并放入锅内，加入适量水，大火烧沸，转小火煮至米粒开花、绿豆酥烂，加入草莓、白糖搅匀，稍煮一会儿即可。

做法支招 将草莓放在盆子里用盐水浸泡，然后轻轻摇晃着在水龙头下冲洗，即可洗净残留农药又不碰伤草莓的表皮。

主料 绿豆、薏米各50克，糯米100克。

调料 冰糖适量。

做法

1.将各主料洗净，浸泡。

2.绿豆、薏米、糯米放入煮锅中，加适量水，大火煮开，改小火煮40分钟，放入冰糖，中火再煮25分钟即可。

绿豆薏仁粥

绿豆、薏米皆是凉性，手脚冰冷、脾胃弱者应该少食。 饮食宜忌

黄花菜瘦肉粥

主料 干黄花菜、瘦猪肉各20克，大米100克。

调料 葱花、姜末、精盐、味精各适量。

做法

1.瘦猪肉洗净，切丝；干黄花菜用水泡发，切段；大米淘净，浸泡30分钟后捞出沥干水分。

2.锅中倒水，放入大米，大火烧开，改中火，加入猪肉丝、黄花菜段、姜末,煮至猪肉变熟,小火熬至粥成，调入精盐、味精、撒上葱花即可。

鲜黄花菜中含有一种叫秋水仙碱的物质，被体内吸收后具有较大毒性，所以鲜品黄花菜不宜吃。 饮食宜忌

瘦肉番茄粥

主料 番茄50克，猪瘦肉20克，大米100克。

调料 精盐、味精、葱花、香油各适量。

做法

1. 番茄洗净，切成小块；猪瘦肉洗净切丝；大米淘净，泡30分钟。

2. 锅中放入大米，加适量水，大火烧开，改用中火，放入猪瘦肉丝，煮至猪肉变熟，改小火，放入番茄块，慢熬成粥，加精盐、味精调味，淋上香油，撒上葱花即可。

做法支招 粥快煮好前15分钟放番茄，这样粥会比较浓且有味。

肉末豌豆粥

主料 大米100克，猪肉、紫菜各10克，豌豆20克。

调料 精盐、味精各适量。

做法

1. 紫菜泡发洗净；猪肉洗净，剁成末；大米淘洗干净；豌豆洗净。

2. 锅中倒水，放入大米、豌豆，大火烧开，加入猪肉末煮至熟，小火熬至粥成，放入紫菜拌匀，调入精盐、味精拌匀即可。

做法支招 加点胡萝卜营养会更丰富。

主料🥄 大米100克，猪肉、金针菇各30克。

调料🧂 精盐、味精、葱花各适量。

做法👨‍🍳

1. 猪肉洗净，切丝，用盐腌制片刻；金针菇洗净，去老根；大米淘净，浸泡30分钟，捞出沥干水分。

2. 锅中倒水，放入大米，旺火煮开，改中火，加入腌好的猪肉丝，煮至猪肉变熟，加金针菇，熬至粥成，加精盐、味精调味，撒葱花即可。

金针菇瘦肉粥

金针菇也可在开水中焯一下。

做法支招

白菜紫菜肉粥

主料🥄 白菜心、紫菜、猪肉、虾仁各20克，大米100克。

调料🧂 精盐、味精各适量。

做法👨‍🍳

1. 猪肉洗净，切丝；白菜心洗净，切成丝；紫菜泡发，洗净；虾仁洗净；大米淘净，泡好。

2. 锅中倒水，放入大米，旺火煮开，改中火，加入猪肉丝、虾仁，煮至虾仁变红，改小火，放入白菜丝、紫菜，慢熬成粥，调入精盐、味精即可。

加几片香菇，味道更好。

做法支招

枸杞山药肉粥

主料 山药、猪肉各25克，大米100克，枸杞子10克。

调料 精盐、味精、葱花各适量。

做法

1. 山药去皮洗净，切块；猪肉洗净，切块；枸杞子洗净；大米淘净，泡30分钟。

2. 锅中倒水，放入大米、山药块、枸杞子，大火烧开，改中火，放入猪肉块，煮至猪肉熟，转小火将粥熬好，调入精盐、味精，撒上葱花即可。

营养小典 补肝明目，壮骨强身。

鸡蛋玉米肉粥

主料 大米100克，玉米粒、猪肉各20克，鸡蛋1个（约60克）。

调料 精盐、香油、胡椒粉、葱花各适量。

做法

1. 大米洗净，用清水浸泡；猪肉洗净切片；鸡蛋煮熟后切碎。

2. 锅置火上，倒入清水，放入大米、玉米粒煮至七成熟，放入猪肉片，煮至粥成，放入鸡蛋，加精盐、香油、胡椒粉调匀，撒上葱花即可。

营养小典 玉米含有丰富的蛋白质、脂肪、维生素、微量元素、纤维素及多糖等营养元素，常食可强身健体。

主料 🥄 猪肉丸30克，大米100克。

调料 🧂 葱花、姜末、精盐、味精各适量。

做法 👨‍🍳

1. 大米淘净，浸泡30分钟。

2. 锅中倒水，加入大米，大火烧开，改中火，放猪肉丸、姜末，煮至肉丸变熟，改小火，将粥熬好，加精盐、味精调味，撒上葱花即可。

肉丸香粥

水滚之后，一边搅拌一边煲，可防止粥溢出。 做法支招

萝卜干肉末粥

主料 🥄 萝卜干、猪肉各25克，大米100克。

调料 🧂 精盐、味精、姜末各适量。

做法 👨‍🍳

1. 萝卜干洗净切段；猪肉洗净剁碎；大米洗净。

2. 锅中倒水，放入大米、萝卜干，大火烧开，改中火，加入姜末、猪肉粒，煮至猪肉熟，改小火熬至粥浓稠，加精盐、味精调味即可。

萝卜干可先用清水泡软，如果比较喜欢吃硬一些的萝卜干，可以减少浸泡的时间。 做法支招

玉米火腿粥

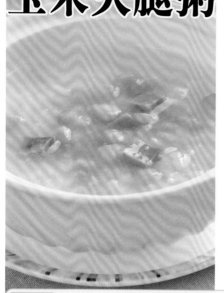

主料 玉米粒、火腿各25克，大米100克。

调料 精盐、胡椒粉各适量。

做法

1. 火腿切丁；大米淘净，用水浸泡30分钟，捞出沥干水分。

2. 大米下锅，加适量清水，大火煮沸，加入火腿丁、玉米粒，转中火熬煮至米粒开花，改小火熬至粥浓稠，调入精盐、胡椒粉即可。

做法支招 食用时加香油，味道也不错。

猪肝南瓜粥

主料 猪肝、南瓜各30克，大米100克。

调料 葱花、精盐、味精、料酒、香油各适量。

做法

1. 南瓜洗净去皮，切块；猪肝洗净，切片，放入沸水锅煮至变色，捞出沥干；大米淘净，泡好。

2. 锅中倒水，放入大米，大火烧开，倒入南瓜块，转中火熬至粥将熟，加入猪肝片、精盐、料酒、味精，待猪肝熟透，淋香油，撒葱花即可。

营养小典 此粥健脾养胃，补肝明目。

主料 绿豆50克，猪肝30克，大米100克。

调料 精盐适量。

做法

1. 绿豆、大米均淘洗干净，用水浸泡1小时；猪肝洗净，切碎。

2. 锅中倒入适量水，放入绿豆煮至开花，加入大米煮至八成熟，放入猪肝末同煮至米烂粥成，加精盐调味即可。

猪肝绿豆粥

此粥补血养肝，清热明目，美容润肤，可使人容光焕发，特别适合面色蜡黄、视力减退、视物模糊者食用。

营养小典

萝卜猪肚粥

主料 猪肚、白萝卜各30克，大米100克。

调料 葱花、姜末、精盐、醋、味精、料酒、胡椒粉各适量。

做法

1. 白萝卜去皮洗净，切块；大米淘净，浸泡30分钟；猪肚洗净，切条，用盐、料酒拌匀腌渍20分钟。

2. 锅中倒水，放入大米，旺火烧沸，加入猪肚条、姜末，滴入醋，倒入白萝卜块，中火熬至粥成，加精盐、味精、胡椒粉调味，撒葱花即可。

新鲜萝卜色泽嫩白、细嫩光滑，捏起来表面比较硬实。

做法支招

陈皮猪肚粥

主料 陈皮10克，黄芪5克，猪肚30克，大米100克。

调料 精盐、味精、葱花各适量。

做法

1. 猪肚洗净，切条；大米淘净，浸泡30分钟，捞出沥干；黄芪、陈皮均洗净，切碎。

2. 锅中倒水，放入大米，大火烧开，放入猪肚条、陈皮、黄芪，转中火熬煮至米粒开花，粥浓稠，加精盐、味精调味，撒上葱花即可。

营养小典 储存越久的陈皮越好。

板栗猪腰粥

主料 猪腰30克，板栗、花生米各20克，糯米100克。

调料 精盐、味精、葱花各适量。

做法

1. 糯米洗净，浸泡3小时；花生米洗净；板栗去壳、去皮；猪腰洗净，剖开，除去腰臊，打上花刀，切成薄片。

2. 锅中倒水，放入糯米、板栗、花生米旺火煮沸，待米粒开花，放入猪腰片，小火熬至猪腰熟，加精盐、味精调味，撒入葱花即可。

做法支招 板栗、花生米可先放水里浸泡几个小时。

【主料】 猪腰30克，枸杞子10克，大米100克。

【调料】 精盐、味精、葱花各适量。

【做法】

1. 猪腰洗净，去腰臊，切花刀；枸杞子洗净；大米淘净，泡好。

2. 大米放入锅中，加水，旺火煮沸，加入枸杞子，中火熬煮至米粒开花，放入猪腰，转小火，待猪腰熟，加精盐、味精调味，撒上葱花即可。

猪腰枸杞粥

猪腰要去除腰臊腺。

【做法支招】

【主料】 猪肺、毛豆、胡萝卜各25克，大米100克。

【调料】 姜丝、精盐、香油各适量。

【做法】

1. 胡萝卜洗净，切丁；猪肺洗净切块，入沸水中汆烫后，捞出；大米淘净，浸泡30分钟。

2. 锅中倒水，放入大米，旺火煮沸，加入毛豆、胡萝卜丁、姜丝，改中火煮至米粒开花，加入猪肺块，转小火焖煮成粥，加精盐调味，淋香油即可。

猪肺毛豆粥

猪肺用自来水管灌水的方法可洗得更干净。

【做法支招】

牛肉菠菜粥

主料 牛肉、菠菜各30克，红枣15克，大米100克。

调料 姜丝、精盐、胡椒粉各适量。

做法

1.菠菜洗净，切碎；红枣洗净，去核；大米淘净，浸泡30分钟；牛肉洗净，切片。

2.锅中加适量水，放入大米、红枣、姜丝，大火烧开，加入牛肉片，转中火熬煮至牛肉断生，加入菠菜熬至米烂粥成，加精盐、胡椒粉调味即可。

做法支招 菠菜食用前要焯水去除草酸。

牛肉莲子粥

主料 牛肉30克，枸杞子、莲子各10克，大米100克。

调料 葱花、精盐、味精各适量。

做法

1.牛肉洗净，切片；莲子洗净，浸泡30分钟，挑去莲心；枸杞子洗净；大米淘净，泡30分钟。

2.大米入锅，加适量水，旺火烧沸，加入枸杞子、莲子，转中火熬至米粒开花，放入牛肉片，小火熬至粥出香味，加精盐、味精调味，撒上葱花即可。

饮食宜忌 中满痞胀及大便燥结者忌食莲子。

牛筋三蔬粥

主料 水发牛蹄筋30克，胡萝卜、玉米粒、豌豆各10克，糯米100克。

调料 精盐、味精各适量。

做法

1. 胡萝卜洗净，切丁；糯米淘净，浸泡1小时；玉米粒、豌豆均洗净；水发牛蹄筋洗净，入锅炖烂，切条。

2. 糯米放入锅中，加适量水，大火烧沸，加入水发牛蹄筋、玉米粒、豌豆、胡萝卜丁，转小火熬煮至米烂粥成，加精盐、味精调味即可。

做法支招 刚买来的发制好的蹄筋应反复用清水过洗几遍。

羊肉生姜粥

主料 羊肉、生姜各25克，大米100克。

调料 葱花、精盐、味精、胡椒粉各适量。

做法

1. 生姜洗净去皮，切丝；羊肉洗净，切片；大米淘净。

2. 大米入锅，加适量水，大火煮沸，放入羊肉片、姜丝，转中火熬煮至米粒开花，改小火熬至粥出香味，调入精盐、味精、胡椒粉，撒葱花即可。

饮食宜忌 羊肉热量较大，体质虚寒、四肢怕冷的人适合多食用。

红枣羊肉粥

主料 红枣、羊肉各25克，糯米100克。

调料 葱花、姜末、精盐、味精各适量。

做法

1. 红枣洗净，去核；羊肉洗净，切片，用开水汆烫片刻，捞出；糯米洗净，浸泡2小时。

2. 锅中倒入适量水，放入糯米，大火煮开，加入羊肉片、红枣、姜末，转小火熬至粥出香味，加精盐、味精调味，撒入葱花即可。

营养小典 羊肉性温，味甘，具有补虚劳、祛寒冷、助元阳、生精血等功效，还有健脑益智、增强记忆力的作用。

鸡肉香菇贝粥

主料 熟鸡肉、香菇各25克，干贝10克，大米100克。

调料 精盐、香菜段各适量。

做法

1. 香菇泡发洗净，切片；干贝泡发，撕成细丝；大米淘净，浸泡30分钟；熟鸡肉撕成细丝。

2. 大米放入锅中，加水烧沸，加入干贝丝、香菇片，转中火熬煮至米粒开花，加入熟鸡肉丝，转小火煮至粥成，加精盐调味，撒入香菜段即可。

做法支招 干贝应用温水浸泡胀发。

主料 白萝卜、鸡脯肉各30克，枸杞子10克，大米100克。

调料 葱花、精盐各适量。

做法

1.白萝卜洗净去皮，切块；枸杞子洗净；鸡脯肉洗净，切丝；大米淘净，泡好。

2.大米放入锅中，倒入适量水，大火烧沸，加入白萝卜块、枸杞子，转中火熬煮至米粒软散，加入鸡脯肉丝，小火将粥熬至浓稠，加精盐调味，撒上葱花即可。

鸡肉萝卜粥

鸡肉先用盐腌一下。

做法支招

主料 大米100克，红枣、鸡肉各25克。

调料 葱花、姜末、精盐、料酒各适量。

做法

1.鸡肉洗净，切丁，用料酒腌制20分钟；大米淘净，泡好；红枣洗净，去核。

2.锅中加适量水，下入大米，大火烧沸，加鸡丁、红枣、姜末，转中火熬煮至粥成，加精盐调味，撒上葱花即可。

鸡肉红枣粥

红枣可以先泡30分钟，但不要浸泡过长的时间。

做法支招

鸡肝粥

主料 鸡肝50克，粳米100克。

调料 高汤、精盐、味精、葱姜末、胡椒粉、香油各适量。

做法

1.将鸡肝洗净，切成碎丁；粳米淘洗干净，浸泡30分钟。

2.锅内倒入高汤，放入粳米烧沸，小火熬成粥，再放入鸡肝丁、精盐、味精、胡椒粉、葱姜末、香油稍煮即成。

营养小典 鸡肝性微温、味甘，可补肝肾、治肝虚目暗、小儿疳积、妇人胎漏。

猪肉鸡肝粥

主料 大米100克，鸡肝、猪肉各25克。

调料 精盐、味精、葱花、料酒各适量。

做法

1.大米淘净，浸泡30分钟；鸡肝洗净，切片；猪肉洗净，剁成末，用料酒略腌渍。

2.大米放入锅中，倒入适量水，煮至粥将成，放入鸡肝片、猪肉末，转中火熬煮至粥成，调入精盐、味精，撒上葱花即可。

做法支招 鸡肝先用开水汆一下。

主料 鸡心、香菇各30克，大米100克。

调料 葱花、姜丝、精盐、生抽、料酒各适量。

做法

1. 香菇洗净，切片；鸡心洗净，切块，加料酒、生抽腌制10分钟；大米淘净。

2. 大米放入锅中，加适量水，旺火烧沸，放入香菇片、鸡心块和姜丝，转中火熬煮至米粒开花，小火将粥熬好，加精盐调味，撒葱花即可。

鸡心香菇粥

鸡心有滋补心脏、镇静安神等功效。

营养小典

主料 鲤鱼1条（约1000克），白菜60克，粳米100克。

调料 葱花、姜末、精盐、料酒各适量。

做法

1. 鲤鱼去鳞、鳃及内脏，洗净；白菜择洗干净，切丝。

2. 锅置火上，加水烧开，放入鲤鱼，加葱花、姜末、料酒、精盐煮至极烂，用汤筛过滤去刺，倒入淘洗干净的粳米和白菜丝，加适量清水，转小火煮至粳米开花、白菜熟烂即可。

鲤鱼白菜粥

加入少量料酒可以提鲜，还可以去除鱼腥味。

做法支招

鲤鱼薏米粥

主料🥄 鲤鱼肉50克，薏米、大米各50克，黑豆、赤小豆各10克。

调料🧂 葱花、精盐、料酒、胡椒粉、香油各适量。

做法👨‍🍳

1.大米、黑豆、赤小豆、薏米均洗净，浸泡2小时；鲤鱼肉洗净，切小块，用料酒腌渍10分钟。

2.锅置火上，放入大米、黑豆、赤小豆、薏米，加适量清水煮至五成熟，放入鲤鱼块煮至粥将成，加精盐、香油、胡椒粉调味，撒葱花即可。

做法支招 最好去除鲤鱼脊上的两筋及黑血。

鲫鱼玉米粥

主料🥄 大米100克，鲫鱼肉50克，玉米粒20克。

调料🧂 葱白丝、葱花、姜丝、精盐、味精、料酒、香醋、香油各适量。

做法👨‍🍳

1.大米淘洗干净；鲫鱼肉切片，加料酒拌匀腌渍10分钟；玉米粒洗净。

2.锅置火上，放入大米，加适量清水煮至五成熟，放入鲫鱼片、玉米粒、姜丝煮至米粒开花，加精盐、味精、香油、香醋调匀，放入葱白丝、葱花即可。

做法支招 鲫鱼切成薄片，会更易入味，如果刀工不太好，可以切成条。

主料 糯米100克，鲫鱼1条（约500克），百合15克。

调料 葱花、姜丝、精盐、味精、料酒、香油各适量。

做法

1.糯米洗净，浸泡1小时；鲫鱼去头、尾，洗净后切片，用料酒腌渍10分钟；百合洗净。

2.锅置火上，放入大米，加适量水煮至五成熟，加入鲫鱼片、姜丝、百合煮至粥将成，加精盐、味精、香油调匀，撒上葱花便成。

鲫鱼百合粥

以无腥臭味、鳞片完整的鲫鱼为佳。

营养小典

主料 糯米100克，净鳜鱼肉、五花肉各30克，枸杞子5克。

调料 葱花、姜丝、精盐、味精、料酒、香油各适量。

做法

1.糯米洗净，浸泡1小时；净鳜鱼肉切块，用料酒腌制10分钟；五花肉切小块。

2.锅置火上，倒适量水，放入糯米煮至五成熟，放入鳜鱼块、五花肉块、枸杞子、姜丝煮至米粒开花，加精盐、味精、香油调匀，撒葱花即可。

鳜鱼糯米粥

鳜鱼以眼球微凸且黑白清晰的为好。

营养小典

花生鱼粥

主料 鱼肉50克，花生、瘦肉各20克，大米100克。

调料 葱花、姜末、香菜末、精盐、香油各适量。

做法

1.大米淘洗干净，浸泡30分钟；鱼肉切片，抹上精盐略腌；瘦肉洗净切末；花生洗净。

2.锅置火上，倒入适量水，放入大米、花生煮至五成熟，放入鱼肉片、瘦肉末、姜末煮至粥将成，加精盐、香油调匀，撒上香菜末、葱花即可。

做法支招 鱼肉切薄片，再用盐腌渍。

蟹肉莲藕粥

主料 大米100克，母蟹2只（约300克），莲藕50克。

调料 葱花、姜片、精盐各适量。

做法

1.将大米洗净，浸泡30分钟；莲藕去皮洗净，切丝，泡在水中。

2.将蟹洗净，去壳、肠杂、脚，取出蟹黄，蟹身切块，入锅蒸熟。

3.锅中倒入适量水，加入大米、姜片、莲藕丝，大火煮沸，改小火煮60分钟，放入蟹块、蟹黄，用少量精盐调味，撒葱花即可。

营养小典 适宜于阴虚体弱、失眠、盗汗、记忆力衰退等症。

主料 大米100克，虾仁、干贝各25克。

调料 葱花、香菜、精盐、酱油各适量。

做法

1.大米洗净；虾仁洗净，用盐、酱油稍腌；干贝泡发后撕成细丝；香菜洗净，切段。

2.锅置火上，放入大米，加适量水煮至五成熟，放入虾仁、干贝丝，煮至米粒开花，加精盐、酱油调匀，撒上葱花、香菜段即可。

虾仁干贝粥

要挑选坚实饱满的干贝。

做法支招

主料 大米100克，猪肉、虾米、冬笋各25克。

调料 葱花、精盐、味精各适量。

做法

1.虾米洗净；猪肉洗净，切丝；冬笋去壳，洗净，切片；大米淘净，浸泡30分钟后捞出沥干水分。

2.锅中放入大米，加入适量水，旺火煮开，改中火，放入猪肉丝、虾米、冬笋片，煮至虾米变红，小火熬成粥，加精盐、味精调味，撒上葱花即可。

瘦肉冬笋粥

冬笋煮后再放到冷水中浸泡可去苦涩味。

做法支招

海参小米粥

主料 水发海参50克，小米100克。

做法

1. 小米淘洗干净，海参水发好。
2. 锅中倒入适量水，放入小米，中火煮至八成熟，加入海参一起煮熟即可。

营养小典 海参性温，具有补肾益精、滋阴健阳、补血润燥、调经祛劳、养胎利产等阴阳双补功效。

海参淡菜粥

主料 大米100克，水发海参30克，大枣、淡菜各15克。

做法

1. 大枣洗净，去核；水发海参洗净；淡菜洗净；大米淘洗干净。
2. 锅中倒入适量水，加入大米、大枣、海参、淡菜，大火烧沸，转小火煮45分钟即可。

做法支招 海参一般泡发到干海参的2倍左右长度，软硬程度适中，口感最好。

 饭

主料 大米500克，南瓜300克。
调料 葱花、食用油各适量。
做法

1. 大米淘洗干净，浸泡30分钟。
2. 南瓜去皮、瓤，洗净切块。
3. 炒锅倒油烧至七成热，下葱花爆香，放南瓜块煸炒，加入大米和适量清水烧沸，煮至米粒开花、水快干时，盖上锅盖，小火焖熟即可。

焖南瓜饭

> 南瓜中的果胶可延迟食物排空，延缓肠道对糖类的吸收，从而控制血糖快速升高。 营养 小典

主料 高粱米、糙米、紫米、糯米、红豆、花生米各50克，小南瓜1个。
做法

1. 小南瓜洗净，在瓜蒂端开一小口，去子、洗净，制成瓜盅。
2. 各种米洗净，混合拌匀装入瓜盅里，上笼蒸熟即成。

杂粮南瓜饭

> 杂粮南瓜饭含多种营养，有很好的食补作用。 营养 小典

竹筒蒸饭

主料 大米100克，腊肉50克。

调料 香葱粒适量。

做法

1. 腊肉洗净，切丁。
2. 大米洗净，浸泡30分钟。
3. 将大米装入竹筒内，加水，盖上盖，入笼蒸30分钟，撒上腊肉丁，再继续蒸15分钟停火，稍闷，取出撒上香葱粒即可。

营养小典 腊肉的脂肪含量较高，高血脂、高血压等慢性疾病患者应少食。

牡蛎蒸米饭

主料 大米300克，牡蛎100克。

调料 葱末、蒜蓉、香油、芝麻、胡椒粉、精盐各适量。

做法

1. 牡蛎去壳取肉，用精盐水洗净，捞出沥水。
2. 大米淘洗干净，入锅内蒸熟，加入牡蛎肉，继续蒸至牡蛎肉熟。
3. 将牡蛎米饭盛入碗中，加葱末、蒜蓉、香油、芝麻、胡椒粉，拌匀即可。

营养小典 牡蛎肉中所含游离谷氨酸较多，且能引发其他呈鲜物质释放鲜味，故其鲜味高于鸡、鸭、鱼肉。

鱿鱼丝拌饭

主料 米饭200克，水发鱿鱼、芦笋各50克，水发木耳、虾仁各20克。

调料 高汤、葱花、酱油、白糖、食用油各适量。

做法

1. 将水发鱿鱼、木耳均洗净，切丝；芦笋去皮切丝；虾仁洗净。

2. 锅中倒油烧热，放入葱花、虾仁爆香，加入水发鱿鱼丝、芦笋丝、木耳丝，大火略炒，加高汤、酱油、白糖调味，煮滚，收汁，倒入米饭，拌匀即可。

鱿鱼是发物，患有湿疹、荨麻疹等疾病的人忌食。 **饮食宜忌**

海鲜炒饭

主料 米饭200克，鸡蛋1个（约60克）、青菜末、虾仁、墨鱼、鱼肉各25克。

调料 葱花、食用油、精盐、淀粉、胡椒粉各适量。

做法

1. 鸡蛋滤出蛋清打散；鱼肉洗净切片；墨鱼、虾仁均洗净切丁。

2. 墨鱼丁、虾仁丁加胡椒粉、精盐、淀粉、蛋清拌匀，入锅汆烫后捞出。

3. 锅内倒油烧热，下葱花爆香，加入鱼肉片、墨鱼丁、虾仁丁、青菜末与调料炒匀，盛出盖在米饭上即成。

吃海鲜时不宜喝啤酒。 **饮食宜忌**

香炒米饭

主料 米饭200克，土豆、黄瓜、胡萝卜、木耳、鸡肉各25克。

调料 葱花、精盐、味精、食用油各适量。

做法

1. 将土豆、黄瓜、胡萝卜、鸡肉均切成丁；木耳用水泡发，洗净切碎。
2. 锅中倒油烧热，放入鸡丁煸炒片刻，加入土豆丁和适量水，焖至鸡丁、土豆丁熟，放入米饭、葱花炒匀，加入黄瓜丁、胡萝卜丁、木耳，调入精盐、味精，炒匀即可。

营养小典 糖尿病患者不宜吃过多的精白米作为主食。

五彩果醋蛋饭

主料 米饭300克，莴笋、青豆、圣女果各50克，鸡蛋1个（约60克）。

调料 香菜段、精盐、冰糖、果醋、食用油各适量。

做法

1. 将鸡蛋打散，与冰糖、果醋、精盐制成果醋汁。
2. 莴笋去皮，洗净切片，烫熟；圣女果洗净，切块；青豆洗净，煮熟。
3. 净锅倒油烧热，加米饭、果醋汁翻炒片刻，放入莴笋片、青豆、圣女果炒匀，出锅撒香菜段即可。

营养小典 莴笋含有较多的烟酸。烟酸是胰岛素的激活剂，能有效调节血糖。糖尿病患者经常食用莴笋，可改善糖代谢。

【主料】米饭300克，肉松20克，熟咸鸭蛋黄2个。

【调料】葱末、香菜末、精盐、食用油各适量。

【做法】

1. 熟咸鸭蛋黄压碎。

2. 锅内倒油烧热，放入葱末爆香，放入咸蛋黄翻炒，再加入米饭，调入少许精盐炒匀，盛入盘中，撒上香菜末及肉松即可。

咸蛋黄炒饭

鸭蛋有大补虚劳、滋阴养血、润肺美肤的功效。

营养小典

【主料】米饭200克，虾仁50克，鸡蛋1个（约60克），黄瓜30克。

【调料】葱末、精盐、味精、胡椒粉、食用油各适量。

【做法】

1. 将鸡蛋打入碗内，搅散；黄瓜洗净切丁；虾仁洗净。

2. 炒锅倒油烧热，倒入鸡蛋液炒成鸡蛋块。

3. 锅留底油烧热，放入葱末爆香，加入米饭、鸡蛋、黄瓜丁、虾仁、精盐、胡椒粉、味精，翻炒均匀即成。

虾仁炒饭

虾中含有丰富的镁，镁对心脏活动具有重要的调节作用，能很好地保护心血管系统。

营养小典

盖浇饭

主料 米饭300克，猪肉、小白菜、冬笋各50克。

调料 葱花、精盐、味精、酱油、水淀粉、肉汤、食用油各适量。

做法

1. 猪肉洗净切片；冬笋煮熟切片；小白菜洗净沥水，切段。

2. 炒锅上火，倒油烧热，放入葱花爆香，放入猪肉片、熟冬笋片、小白菜段、酱油、精盐、味精翻炒，倒入适量肉汤烧沸，用水淀粉勾芡，浇在米饭即可。

营养小典 冬笋性微寒，味甘，有利九窍，通血脉，化痰涎，消食积等功效。

红烧肉盖饭

主料 五花肉100克，米饭300克，生菜叶、萝卜丁各30克。

调料 葱姜丝、精盐、酱油、白糖、料酒、食用油各适量。

做法

1. 五花肉洗净，切块；生菜叶洗净，切碎。

2. 炒锅倒油烧热，放入葱姜丝爆香，放入肉块煸炒至变色，加料酒、酱油、水、精盐、白糖焖烧至熟，加入萝卜丁，翻炒收汁，盛出浇在米饭上，撒入生菜叶即可。

营养小典 五花肉在猪前腿与后腿中间、外脊下方与奶脯上方的部位。靠前腿部分称硬五花；靠后腿无肋骨部分称软五花。

排骨盖饭

主料 米饭、排骨各300克。

调料 葱段、姜片、八角茴香、精盐、酱油、料酒、淀粉、食用油各适量。

做法

1.排骨洗净，控干水，剁成块，加酱油、淀粉拌匀，入热油中炸至金黄色，捞出沥油。

2.炸排骨块入锅中，加水、酱油、料酒、精盐、八角茴香、葱段、姜片调味，大火烧沸，转小火焖至排骨酥烂，盛在米饭上即可。

猪排骨除含蛋白质、脂肪、维生素外，还含有大量磷酸钙、骨胶原、骨黏蛋白等，可为幼儿和老人提供钙质。 营养小典

家常盖浇饭

主料 黄瓜、四季豆各25克，香肠50克，鸡蛋1个（约60克），米饭300克。

调料 精盐、味精、水淀粉、食用油各适量。

做法

1.黄瓜去皮去瓤，洗净切丁；四季豆择去两头，洗净切丁；香肠切丁。

2.鸡蛋打入碗中，搅散，加少许精盐和水，隔水蒸熟，用小刀划成小块。

3.锅中倒油烧热，放入四季豆炒熟，倒入黄瓜丁、香肠丁翻炒片刻，加入鸡蛋块翻炒，加精盐、味精调味，用水淀粉勾芡，浇在米饭上即可。

四季豆应煸炒至变色熟透方可。 做法支招

咖喱牛肉饭

主料 米饭300克，牛肉100克，土豆、胡萝卜、洋葱各50克。

调料 蒜末、咖喱粉、黑胡椒粉、精盐、生抽、食用油各适量。

做法

1.牛肉洗净煮熟，捞出切块，加蒜末、精盐、咖喱粉、生抽及少量黑胡椒粉拌匀。

2.土豆、胡萝卜、洋葱去皮洗净，切块，入油锅内翻炒片刻，放入牛肉块，加入煮牛肉的水烧沸，再加咖喱粉煮开，收汁盖在米饭上即可。

营养小典 牛肉中含有丰富的矿物质和维生素，尤其是含有充足的锌和铁。

浅蜊饭

主料 大米300克，牛奶50毫升，浅蜊100克，胡萝卜、水发木耳各20克，三叶芹少许。

调料 精盐、白糖各适量。

做法

1.将大米淘洗干净；水发木耳、胡萝卜均切丝。

2.在浅蜊的汤汁中加入牛奶和水。

3.把以上处理好的主料都放入电饭煲中，加入精盐、白糖拌匀，按闸煮饭，煮好后盛到饭碗中，撒上三叶芹点缀即可。

营养小典 浅蜊俗称大壳仔，是一种生存于浅海的贝类，肉质鲜美，可补肾益气。

主料 红薯、鳕鱼肉各50克，大米200克，油菜20克。

做法

1.红薯去皮，切块，用保鲜膜包起来，放入微波炉中，加热约1分钟。

2.油菜洗净，切碎；鳕鱼肉洗净；大米淘洗干净。

3.电饭锅中放入大米，加入清水、红薯块、鳕鱼肉以及油菜，一起煮熟即可。

鳕鱼红薯饭

红薯含有大量黏液蛋白，能够提高机体免疫力，预防胶原病发生。

营养小典

松子银鱼拌饭

主料 米饭200克，松仁、银鱼各30克，黄瓜、洋葱各20克。

调料 精盐、味精、食用油各适量。

做法

1.洋葱洗净，切末；黄瓜洗净，切丁；松仁入热油锅略炸后捞出；银鱼入热油锅炸至酥脆后，捞出沥油。

2.洋葱末、黄瓜丁倒入油锅中炒香，放入米饭、精盐、味精一起小火炒匀，再放入松仁和银鱼，翻炒均匀即可。

银鱼要选择小一点的，干银鱼也可。

做法支招

鲑鱼海苔盖饭

主料 米饭300克，鲑鱼100克，海苔25克。

调料 精盐、食用油各适量。

做法

1.鲑鱼洗净沥干，放入热油锅中以小火煎熟，取出压碎。

2.海苔撕碎，放入小碗中，加入鲑鱼肉、精盐混合均匀。

3.米饭加热，盖上做好的海苔鲑鱼即可。

营养小典 鲑鱼肉中含的 ω-3脂肪酸是脑部和神经系统必不可少的物质，有增强脑功能、防止老年痴呆的功效。

脆皮叉烧饭

主料 米饭200克，脆皮叉烧150克，菜心50克。

调料 酱油、酸梅酱各适量。

做法

1.将煮熟的米饭盛在碗里，压紧压平，再反扣在餐碟上。

2.将脆皮叉烧切片，摆放在米饭的一侧。

3.将菜心洗净，放入沸水锅焯熟，摆放在饭的一侧，淋上酱油，搭配酸梅酱佐餐即可。

营养小典 此饭皮脆肉香，回味无穷。

Part 2

花样面点

面条&面片

葱油拌面

主料	香葱段20克，挂面200克。
调料	精盐、生抽、白糖、味精、食用油各适量。

做法

1. 锅内倒油烧热，加入香葱段爆香，淋入生抽，煸炒片刻，调入白糖、味精炒匀成葱油料。

2. 锅内倒入适量水，加少许精盐，放入挂面煮熟，捞出面条，过凉。

3. 将葱油料加入面条中拌匀即可。

营养小典 葱含有具刺激性气味的挥发油和辣素，能产生特殊香气，并有较强的杀菌作用，可以刺激消化液的分泌，增进食欲。

芝麻酱拌面

主料	面条300克，芝麻酱100克。
调料	葱花、酱油、白糖、味精、精盐、香油、辣椒油各适量。

做法

1. 酱油、白糖、味精、精盐加适量水调匀成味汁。

2. 芝麻酱加香油搅成浆状麻酱。

3. 锅内加水烧沸，下入面条煮熟，捞出沥水，盛入大碗中，加入调味汁、麻酱、辣椒油，拌匀倒入大盘中，撒入葱花即可。

营养小典 芝麻酱中钙的含量比较高，每100克芝麻酱中含有612毫克钙，远高于牛奶、豆腐等常见的补钙食品。

[主料] 细面条300克，花生末25克。
[调料] 酱油、香油、白糖、香醋、红油、蒜泥、芝麻酱、香葱末各适量。
[做法]

1. 净锅内加入清水烧沸，下入细面条煮熟，捞出投入凉开水中过凉，捞入碗中。

2. 将酱油、香油、白糖、香醋、红油、蒜泥、芝麻酱、花生末调匀，倒入面条碗中，撒上香葱末，食用前拌匀即可。

担担面

担担面好吃的秘诀是配料丰富。

[做法支招]

[主料] 全麦面条200克，菠菜叶、紫苏叶、生菜、杏仁、松仁各10克。
[调料] 精盐、白糖、柠檬醋、橄榄油各适量。
[做法]

1. 全麦面条入锅煮熟。

2. 菠菜叶、紫苏叶、生菜均洗净，入锅煮熟，捞出沥干，切碎；杏仁、松仁均压碎，与各种菜叶混合均匀，加入橄榄油、精盐、白糖、柠檬醋拌匀成馅料。

3. 将馅料倒入全麦面条中拌匀即可。

紫苏菠菜面

全麦面是由整粒的小麦（小麦种子）磨制而成，保留了糠层和胚芽的同时也保留了营养。

[营养小典]

番茄鸡蛋汤面

主料 细面条250克，番茄、青菜心各30克，鸡蛋1个（约60克）。

调料 精盐、高汤、食用油各适量。

做法

1. 番茄洗净，切块；青菜心洗净；鸡蛋磕入碗中打散。

2. 锅中倒油烧热，放入青菜心煸炒片刻，倒入高汤煮沸，加入细面条、番茄块，煮至面熟，淋入鸡蛋液，加精盐调味即可。

营养小典 鸡蛋最好和面食一起吃，这样可以提高蛋白质的利用率。

爆锅面

主料 宽面条250克，圆白菜20克，蛋皮丝50克。

调料 精盐、食用油各适量。

做法

1. 圆白菜切丝。

2. 锅中倒油烧热，放入圆白菜丝煸炒片刻，加入蛋皮丝炒匀，倒入适量水烧开，下入宽面条煮熟，加精盐调味即可。

做法支招 也可在面条快熟时打入鸡蛋，做成荷包蛋。

【主料】 面粉300克，胡萝卜100克，西蓝花30克。

【调料】 精盐、味精、胡椒粉、清汤各适量。

【做法】

1.胡萝卜洗净切片，入沸水中烫至变软，留少许待用，其余放入榨汁机中，加水打成胡萝卜汁，倒入面粉中，加水和成面团，擀成薄面片，切成面条；西蓝花洗净切块，焯熟。

2.锅上火，加清汤、精盐、味精、胡椒粉烧沸，下入胡萝卜汁面，煮熟，加入西蓝花块、胡萝卜片，捞出装碗即可。

胡萝卜面

补充维生素。

【营养小典】

【主料】 揪面片250克，番茄、青椒各50克。

【调料】 精盐、味精、食用油各适量。

【做法】

1.番茄洗净，去皮，切块；青椒洗净，切片；揪面片入沸水锅中煮熟，捞出。

2.锅中倒油烧热，投入番茄块、青椒片、揪面片煸炒均匀，加精盐、味精调味，起锅装碗即可。

揪片

揪面片是将揉好的面团擀成薄片，用力将面揪成纽扣大小、中间有凹的小片，甩进锅里，煮至面片飘起即熟。

【做法支招】

炒猫耳朵

主料 猫耳朵200克，红椒丁、青椒丁、水发香菇丁、胡萝卜丁各20克。

调料 精盐、酱油、味精、食用油各适量。

做法

1. 猫耳朵入沸水锅中煮熟，捞出过凉后控净水。

2. 锅中倒油烧热，投入红椒丁、青椒丁、水发香菇丁、胡萝卜丁煸炒，加猫耳朵炒匀，加入精盐、酱油、味精炒匀，起锅装盘即成。

做法支招 做猫耳朵的面团要稍硬，擀成椭圆形厚片，切成小方块。用大拇指按住小方块用力往前一推，一个猫耳朵就好了。

家常意大利面

主料 空心面200克，胡萝卜、芹菜、洋葱各25克。

调料 番茄酱、精盐、食用油各适量。

做法

1. 空心面先煮10分钟，过凉；各式蔬菜洗净切条。

2. 锅中倒油烧热，加入蔬菜条、空心面、番茄酱炒熟，加精盐调味即可。

做法支招 意大利面的形状各不相同，除了普通的直身粉外还有螺丝型的、弯管型的、蝴蝶型的、贝壳型的，林林总总数百种。

[主料] 面条300克，瘦猪肉150克，黄瓜50克，西蓝花20克。

[调料] 葱花、蒜粒、香菜末、芝麻酱、精盐、酱油、味精、水淀粉、食用油各适量。

[做法]

1.瘦猪肉切丝，加水淀粉抓匀；黄瓜切丝；西蓝花洗净，掰小朵；芝麻酱加精盐、味精和适量水调成糊状。

2.锅中倒油烧热，放葱花爆香，放入肉丝炒至变色，加酱油炒熟，盛出。

3.面条入沸水锅内煮熟，捞出过凉，沥水后盛入碗中，将黄瓜丝、西蓝花、熟猪肉丝、蒜粒、香菜末逐层撒在面条上，浇上调好的芝麻酱即可。

麻酱凉面

芝麻具有较好的健脑功效。 [营养小典]

[主料] 手擀面250克，五花肉、黄瓜各50克。

[调料] 葱末、黄豆酱、白糖、味精、料酒、香油、食用油各适量。

[做法]

1.黄瓜洗净切丝；五花肉切丁。

2.锅中倒油烧热，放葱末、猪肉丁煸炒，加黄豆酱、水、料酒、白糖炒熟，加味精、香油调匀。

3.锅中倒水烧沸，放入手擀面煮熟，捞入大汤碗内，放上黄瓜丝，再浇上炸酱卤即可。

炸酱面

炸酱面中如果加入一点海鲜酱，则会增加海鲜风味。 [做法支招]

刀削面

主料 面粉300克，猪肉、卷心菜各30克，绿豆芽20克。

调料 精盐、醋、香油、水淀粉、酱油、食用油各适量。

做法

1.面粉加水和成面团；卷心菜洗净切丝，同绿豆芽一起焯水，过凉。

2.猪肉洗净切丁，入热油锅中略煸，加精盐、醋、香油、酱油调味，倒入水淀粉勾芡成卤汁。

3.用特制刀具将面团削成条，下开水锅中煮熟，过凉水后捞入碗中，浇上卤汁，放上卷心菜丝、绿豆芽即成。

营养小典 此面增强体力，强筋壮骨。

炒面

主料 细面条300克，肉丝、油菜丝各30克。

调料 葱段、姜丝、老抽、味精、食用油各适量。

做法

1.细面条入锅煮至八成熟，捞出用冷水冲凉。

2.锅中倒油烧热，放入葱段、姜丝、油菜丝、肉丝翻炒均匀，加入味精、老抽调味，放入面条，用筷子不断翻拌至面条熟即可。

营养小典 面条易于消化吸收，有改善贫血、增强免疫力、平衡营养吸收等功效。

主料 米粉200克，蛋皮50克，青椒、红椒、芽菜、火腿各15克。

调料 精盐、咖喱粉、食用油各适量。

做法

1. 米粉用温水泡开；蛋皮、青椒、红椒、火腿均切丝。

2. 锅中倒油烧热，放入米粉翻炒片刻，加入青椒丝、红椒丝、火腿丝、蛋皮丝、芽菜、咖喱粉炒匀，加精盐调味即可。

咖喱炒米粉

> 米粉洁白如玉，有光泽和透明度的质量最好，无光泽、色浅白的质量差。
>
> 营养小典

主料 管状通心面200克，培根、苹果丁、西芹各20克，酸奶20毫升。

调料 沙拉酱适量。

做法

1. 通心面放入滚水锅中煮熟，捞起放凉。

2. 西芹切末；培根切小块。

3. 通心面、培根块、苹果丁、西芹末加入沙拉酱、酸奶拌匀即可。

沙拉通心面

> 煮通心面的时候，加水不要太多，否则面会煮的过软，没有嚼劲。
>
> 做法支招

猪肝面

主料 猪肝50克，菠菜30克，面条250克。

调料 葱花、精盐、味精、料酒、胡椒粉、高汤各适量。

做法

1. 猪肝洗净，切成薄片，拌入精盐、料酒腌片刻；菠菜择洗干净，切段。
2. 面条入锅煮熟，捞入盛碗内。
3. 锅中倒入高汤烧沸，加精盐、味精调味，改用小火，放入猪肝片及菠菜煮开后关火，撒上葱花，倒入面碗内，撒胡椒粉，拌匀即可。

营养小典 猪肝是补血食品中最常用的食物，食用猪肝可调节和改善贫血患者造血系统的生理功能。

上汤牛河

主料 菜心、牛肉各30克，河粉200克。

调料 葱花、精盐、酱油、醋、高汤、食用油各适量。

做法

1. 菜心切开，入锅焯烫后过凉；牛肉切片，入锅炒熟，加精盐、酱油调味，盛出。
2. 锅中高汤烧沸，放入河粉煮沸，加精盐、醋调味，煮熟后装碗中，上面摆菜心、牛肉片，撒葱花即可。

做法支招 高汤通常是土鸡汤或鸡汤加猪骨头熬煮而成。简易做法可用少许肥肉放锅里煎出油，加适量水和味精熬制而成。

主料 拉面300克，酱排骨100克，青菜50克。

调料 葱姜丝、精盐、酱油、味精、胡椒粉、鲜汤、食用油各适量。

做法

1.汤锅上火，加入清水，大火烧沸，放入拉面煮8分钟至熟，捞入装碗中。

2.炒锅置火上，倒油烧热，下葱姜丝炝锅，加入鲜汤、酱排骨、酱油、精盐、味精、胡椒粉，旺火烧至汤沸，下入青菜略煮，倒入面碗中即可。

酱排骨面

猪排骨可提供人体必需的优质蛋白质且含有丰富的钙质，可促进发育、强健身体，促进骨骼健康。

营养小典

主料 宽面条300克，羊肉100克，洋葱50克。

调料 葱花、精盐、醋、白糖、料酒、胡椒粉、淀粉、食用油各适量。

做法

1.羊肉切片，加料酒、精盐、胡椒粉、淀粉拌匀腌制10分钟；洋葱去老皮，洗净切丝。

2.汤锅内加清水烧沸，下入宽面条煮8分钟至熟，捞入碗中。

3.炒锅倒油烧热，放入羊肉片煸炒至七成熟，放入洋葱丝略炒，加少许水，用醋、白糖、精盐调味，汤沸离火，倒入面碗中，撒葱花即可。

洋葱羊肉面

此面开胃健脾，健脑益智。

营养小典

羊肉炒面片

主料 面片100克，羊肉片50克，洋葱片、青椒片各30克。

调料 精盐、味精、料酒、海鲜酱、胡椒粉、香油、食用油各适量。

做法

1.面片入沸水锅中煮熟，捞出过凉后控净水。

2.锅中倒油烧热，投入洋葱片爆香，倒入羊肉片炒熟，再加入面片、青椒片同炒，加入料酒、精盐、味精、海鲜酱、胡椒粉，翻炒均匀，淋入香油即可。

做法支招 羊肉片也可采用上浆滑油的方法烹调。可先将洋葱、青椒、羊肉片炒好，再与面片同炒。

香菇鸡丝拉面

主料 拉面200克，鸡脯肉50克，香菇30克。

调料 葱姜末、精盐、味精、酱油、料酒、鸡汤、香油、食用油各适量。

做法

1.鸡脯肉煮熟，切成小块，撕成细丝，加精盐、香油拌匀；香菇泡发，去蒂洗净，切小丁。

2.锅内倒油烧热，放入葱姜末炝锅，烹料酒，注入鸡汤，下香菇丁煮至汤沸，下入拉面煮8分钟至熟，加入酱油、精盐、味精、香油调味，出锅装碗中，撒上鸡肉丝即可。

营养小典 拉面口感有嚼劲，是主要面食之一。

营养荞麦面

主料 豆腐、鸡肉、胡萝卜、蟹味菇、芹菜各30克，荞麦面120克。

调料 酱油、味精、食用油各适量。

做法

1.豆腐切块；鸡肉切块；胡萝卜切片；蟹味菇撕成小块；芹菜切丁。

2.锅中倒油烧热，依次放入鸡肉、胡萝卜片、蟹味菇块炒匀，加入少许水煮开，放入荞麦面、豆腐块，大火煮开，转小火煮至面熟，放入芹菜丁，加酱油、味精调味即可。

> 荞麦含有芦丁(芸香苷)，芦丁有降低人体血脂和胆固醇、软化血管、保护视力、预防脑血管出血的作用。 **营养小典**

番茄鱼片面

主料 番茄、鲜鱼片各75克，鸡蛋面250克。

调料 葱花、精盐、味精、料酒、食用油各适量。

做法

1.番茄切块，入热油锅炒熟，加入精盐、味精调味，盛出；鲜鱼片用料酒抓匀腌拌15分钟。

2.锅中倒水烧沸，放入鲜鱼片、鸡蛋面煮熟，装入碗中，倒入番茄块拌匀，撒葱花即可。

> 鱼肉可根据自己喜好选择，最好不要选择刺多的鱼。 **做法支招**

和式炒乌冬面

主料 乌冬面300克，猪肉、油菜、胡萝卜、香菇各30克，鱼松5克，海苔少许。

调料 葱花、酱油、食用油各适量。

做法

1.猪肉切丁；油菜切段；胡萝卜切片；香菇切丝。

2.锅中倒油烧热，放入葱花爆香，倒入猪肉丁、油菜段、胡萝卜片、香菇丝翻炒均匀，加入乌冬面翻炒至熟，沿锅边倒入酱油，炒匀，盛出，撒上鱼松和海苔即可。

做法支招 乌冬面事先放在冰水中浸泡，可使口感更弹，更加爽滑。

虾皮手擀面

主料 手擀面200克，虾皮、油菜心各20克。

调料 葱姜末、香菜末、精盐、味精、料酒、胡椒粉、鸡汤、食用油各适量。

做法

1.虾皮稍泡洗净，沥水；油菜心洗净。

2.炒锅上火，倒油烧热，加入虾皮、葱姜末炒香，烹入料酒，加入鸡汤，旺火烧至汤沸时下入手擀面，煮熟，加入精盐、味精、胡椒粉、油菜心和香菜末略煮即可。

营养小典 虾皮中含有甲壳素，它能促使免疫细胞增殖，增强体内免疫力，进而可达到抑制恶性肿瘤扩散及转移的作用。

[主料] 荞麦挂面300克，大虾、西蓝花各50克。

[调料] 葱姜汁、精盐、味精、胡椒粉、淀粉、鸡汤、香油各适量。

[做法]

1. 西蓝花洗净，掰小朵；大虾洗净。

2. 锅内加水烧沸，下入荞麦挂面，中火煮熟，捞出，投凉，捞入碗内。

3. 锅中倒入鸡汤、葱姜汁，加入精盐、大虾、西蓝花烧沸，加入胡椒粉、味精搅匀，用淀粉勾芡，淋入香油，出锅浇在煮熟的面条上即可。

西蓝花卤面

西蓝花中含有丰富的铬，铬能有效调节血糖，降低糖尿病患者对胰岛素的需要量，有助于预防糖尿病。 营养小典

[主料] 鸡蛋面200克，鸡蛋1个（约60克），香菇、鲜笋、虾仁各30克。

[调料] 葱姜末、香菜末、精盐、味精、香油、食用油各适量。

[做法]

1. 鸡蛋打入沸水锅中煮成荷包蛋；香菇、鲜笋洗净切丝；虾仁洗净切段。

2. 锅中倒油烧热，放入葱姜末爆香，加水烧沸，放入鸡蛋面煮熟，加入香菇丝、笋丝、虾仁略煮，加精盐、味精、香油调味，起锅盛碗中，将荷包蛋和香菜末放在面条上即可。

长寿面

竹笋性微寒，味甘，具有利水益气、清肺化痰等功效。 营养小典

虾仁菜汤面

主料 龙须面200克，虾仁50克，青菜心30克。

调料 精盐、味精、高汤各适量。

做法

1.虾仁、青菜心均洗净。

2.锅中倒入高汤烧沸，放入龙须面煮熟，放入虾仁、青菜心，调入精盐、味精，稍煮即可。

营养小典 面条在水煮过程中有约20%的B族维生素会溶解在汤里，所以吃面的时候最好连汤一起喝。

小炒乌冬面

主料 乌冬面200克，胡萝卜、豆芽、尖椒、火腿丝、虾仁各15克。

调料 精盐、味精、蚝油、花椒油、食用油各适量。

做法

1.胡萝卜、尖椒均切丝；虾仁洗净；豆芽洗净，掐去头尾。

2.锅中倒油烧热，放入火腿丝，倒入花椒油，炒至变色，加入胡萝卜丝、尖椒丝、豆芽、虾仁炒匀，倒入乌冬面炒熟，加蚝油、精盐、味精炒匀即可。

做法支招 乌冬面是将盐和水混入面粉中制作成的白色较粗的面条。冬天加入热汤、夏天则放凉食用。

 包子

主料 面粉500克，豆沙馅200克。

调料 泡打粉、活性干酵母各5克。

做法

1. 面粉加入泡打粉、活性干酵母和温水调成发酵面团。

2. 将面团分成小坯，包入豆沙馅，剪成刺猬形，入笼蒸8分钟至熟即可。

刺猬包

营养小典

红豆含有较多的皂角苷，可刺激肠道，有良好的利尿作用，能解酒、解毒。

主料 发酵面团500克，熟面粉200克。

调料 红糖、食用油各适量。

做法

1. 取发酵面团搓条，下剂擀皮。

2. 红糖加熟面粉拌匀，再加食用油拌成馅料。

3. 将馅料包入皮中，做成三角形生坯，醒发后上笼，小火蒸15分钟即可。

红糖三角包

营养小典

红糖性温、味甘、入脾，具有益气补血、健脾暖胃、缓中止痛、活血化瘀的作用。

奶黄包

主料 发酵面团500克，鸡蛋3个（约180克），鲜奶适量。

调料 白糖、奶油、玉米淀粉各适量。

做法

1. 鸡蛋打匀，加入白糖、鲜奶、奶油、玉米淀粉搅打均匀，制成馅料。
2. 取发酵面团搓条，下剂，擀皮。
3. 皮内用匙板包入馅料，做成圆形生坯后在顶部用刀割"十"字，醒发后上笼，旺火蒸10分钟即成。

营养小典 玉米淀粉是常用的西式餐点调料，在各大超市或网店均有销售。

茶叶包

主料 面粉500克，鸡蛋3个（约180克），绿茶适量。

调料 酵母10克，淡奶油、奶油、黄油、白糖、淀粉各适量。

做法

1. 将绿茶碾碎；锅内加黄油、鸡蛋液和部分绿茶末炒匀，加白糖、淡奶油、淀粉搅匀，制成馅料。
2. 面粉面团加白糖、奶油、酵母、剩余绿茶末拌匀，加温水和面，揉成面团，醒发后搓条，下剂擀皮。
3. 用匙板将馅料包入皮内，制成包子生坯，醒发后上笼蒸熟即成。

做法支招 绿茶不要放太多，否则易苦涩。

主料 发酵面团400克，胡萝卜200克，鸡蛋100克，海米、水发木耳各20克。

调料 葱姜末、精盐、味精、食用油各适量。

做法

1.鸡蛋入锅炒熟；胡萝卜、水发木耳均切碎，挤出多余水分，加入炒鸡蛋、海米、葱姜末、精盐、味精、食用油拌匀制成馅料。

2.取发酵面团搓条，下剂，擀皮。

3.皮内用匙板包入馅料，做成麦穗形生坯，醒发后上笼，旺火蒸10分钟即可。

胡萝卜素包

此包健脾和胃、降气止咳。

营养小典

主料 面粉、胡萝卜各500克，鸡蛋250克，茭瓜丝300克。

调料 葱姜末、精盐、味精、食用油各适量。

做法

1.胡萝卜榨汁，加入面粉中，加开水和成烫面面团，揉匀稍醒。

2.鸡蛋打散，入热油锅炒熟，加入茭瓜丝、葱姜末、精盐、味精炒匀，凉凉后成馅料。

3.取烫面团搓条，下剂擀皮，用匙板包入馅料，上屉蒸15分钟即成。

胡萝卜汤包

胡萝卜素和维生素A是脂溶性物质，应用油炒熟或和肉类一起炖煮后食用，以利吸收。

做法支招

山楂包

主料 面粉500克，山楂200克。

调料 白糖适量。

做法

1.山楂洗净，掰开去子，入锅煮烂，盛出，加白糖和匀，制成山楂酱。

2.面粉加适量水和成面团，醒发40分钟。

3.将发酵面团搓条，下剂擀皮，包入山楂酱馅料，上笼蒸熟即可。

营养小典 山楂具有促进消化的功效，所以在胃口不好，积食时食用最好。

地瓜烫面包

主料 烫面团、豆腐各250克，地瓜面150克。

调料 葱花、姜末、精盐、味精、食用油各适量。

做法

1.将地瓜面、烫面团合在一起，用沸水烫透，揉匀，凉凉。

2.把豆腐、葱花、姜末、精盐、味精、食用油拌匀制成馅料。

3.取烫好地瓜面搓条下剂，擀皮，用匙板将馅包入皮内，上屉蒸10分钟即可。

营养小典 营养均衡，味道鲜。地瓜面具有软化血管作用，适合老年人食用。

【主料】 发酵面团500克，香菇、木耳菜各200克。

【调料】 葱姜末、花椒水、精盐、酱油、味精、食用油各适量。

【做法】

1.香菇用温水泡发，洗净切碎；木耳菜洗净切碎，挤干水分，加香菇丁、花椒水、酱油、食用油、精盐、味精、葱姜末拌匀，制成馅料。

2.取发酵面团搓条，下剂擀皮，包入馅料，做成麦穗形生坯，醒发后上笼蒸熟即成。

麦穗包

木耳菜热量低、脂肪少，经常食用有降血压、益肝、清热凉血、利尿、防止便秘等功效。 **营养小典**

【主料】 澄粉300克，面粉200克，猪板脂、青红丝各200克。

【调料】 白糖、猪油各适量。

【做法】

1.猪板脂切丁，加白糖揉匀，再加入青红丝揉匀，制成水晶馅。

2.澄粉中加面粉拌匀，倒入沸水，随倒随搅，拌匀后加盖闷15分钟，取出揉匀，加白糖、猪油揉光滑，制成水晶面团，搓条，下剂擀皮，包入水晶馅，做成提花生坯，放入蒸笼，以猛火蒸10分钟即熟。

水晶包

蒸时要用猛火，时间不宜过长，以防水晶皮破裂。 **做法支招**

龙眼汤包

主料 烫面团250克,猪肉馅200克。

调料 葱花、姜末、精盐、酱油、味精、食用油各适量。

做法

1.将猪肉馅加入酱油、葱花、姜末、精盐、味精、食用油搅拌均匀,制成馅料。

2.取烫面团搓条,下剂擀皮。

3.用匙板将馅包入皮内,上屉蒸10分钟即成。

营养小典 此汤包馅香汤足,味美可口。

翡翠汤包

主料 菠菜汁适量,面粉500克,猪肉泥300克。

调料 葱姜末、精盐、酱油、味精各适量。

做法

1.菠菜汁加入面粉中,加开水和成碧绿色的烫面面团,揉匀醒面。

2.猪肉泥中加入葱姜末、精盐、味精、酱油搅匀,制成馅料。

3.取烫面团搓条,下剂擀皮,用匙板将馅料包入皮内,直接上屉蒸熟即成。

营养小典 此汤包健脾和胃,活血解毒。

主料 发酵面团500克，猪肉泥300克。

调料 葱姜末、精盐、味精、酱油、食用油各适量。

做法

1.猪肉泥中加入葱姜末、精盐、味精、酱油、食用油,顺一个方向搅拌均匀,制成馅料。

2.取发酵面团搓条，下剂擀皮，用匙板将馅料包入皮内，做成提花生坯，醒发后上笼，以旺火蒸15分钟即成。

猪肉小笼包

猪肉性平，稍带微寒。有补中益气、生津液、润肠胃、强身健体的功效。

营养小典

主料 发酵面团500克，猪肉馅300克，猪皮150克。

调料 葱花、姜末、精盐、酱油、味精、胡椒粉、料酒、香油各适量。

做法

1.猪皮洗净后搅碎,加水煮成胶状,加入葱花、姜末、精盐,制成皮汤。

2.猪肉馅入盆,加酱油、味精、胡椒粉、香油搅匀,加水搅打上劲,调入料酒、皮汤拌匀成馅。

3.发酵面团搓条,下剂擀皮,包入馅料,制成包子坯,入笼蒸熟即可。

开封灌汤包

吃包子时可先用吸管喝汤，但要小心烫口。

饮食宜忌

三鲜煎包

主料 🥄 发酵面团500克，木耳、猪肉馅各150克，海米50克，熟芝麻10克。

调料 🧂 葱姜末、花椒水、精盐、味精、食用油各适量。

做法 👨‍🍳

1.将猪肉馅内加入花椒水、葱姜末、精盐、味精、食用油、木耳、海米搅拌均匀，制成馅料。

2.取发酵面团搓条，下剂擀皮，用匙板包入馅料，做成生坯，醒发后放入煎锅，加盖煎至一面焦黄，翻扣放盘中，撒熟芝麻即可。

做法支招 切忌一味大火，以免煎煳。

水煎包

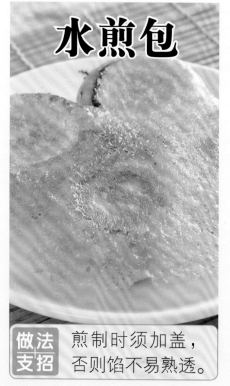

主料 🥄 发酵面团500克，猪肉馅200克，大葱150克。

调料 🧂 姜末、十三香、精盐、味精、酱油、香油、食用油各适量。

做法 👨‍🍳

1.大葱切末，加猪肉馅、精盐、味精、姜末、十三香、酱油、香油拌匀成馅料。

2.取发酵面团搓条，下剂擀皮，包入馅料，捏成包子生坯。

3.平底锅倒少许油烧热，放入包子煎1分钟，倒入面粉加水调成的稀糊，加盖，小火煎至水干，淋入少许油，煎至包子底部焦黄酥脆即可。

做法支招 煎制时须加盖，否则馅不易熟透。

饺子&馄饨

[主料] 芹菜300克，水发腐竹200克，冷水面团500克。

[调料] 精盐、味精、酱油、食用油各适量。

[做法]

1.将水发腐竹切碎；芹菜洗净剁碎，挤去水分，放入盆内，加入腐竹末、食用油、酱油、精盐和味精搅拌均匀成馅。

2.将醒发好的冷水面团搓成长条，揪成小面剂，擀成圆形面皮，将馅料抹入面皮里，包捏成饺子，放入烧沸的水锅内煮熟即成。

芹菜水饺

此水饺可降压降脂，缓解便秘。

营养小典

[主料] 冷水面团500克，鸡蛋200克，虾仁、海参、木耳各50克，韭菜150克。

[调料] 精盐、味精、食用油各适量。

[做法]

1.鸡蛋打入碗中，搅匀，入热油锅中炒成碎片；虾仁、海参切碎；韭菜洗净切末；木耳泡发，洗净切末。

2.将虾仁、海参、鸡蛋、木耳、韭菜同放入容器中，加入食用油、精盐、味精调拌均匀，制成馅料。

3.取冷水面团搓条，下剂擀皮，包入馅料，做成水饺生坯，放入沸水锅中煮熟，捞出装盘即成。

素三鲜水饺

此水饺适合气血不足者食用。

营养小典

豆芽笋饺

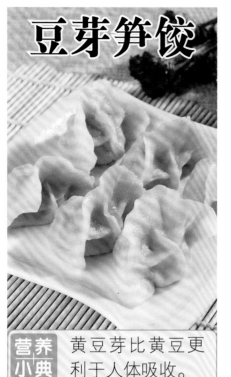

主料 冷水面团500克，冬笋片、油豆腐各200克，黄豆芽300克。

调料 葱末、精盐、味精、香油、食用油各适量。

做法

1. 将黄豆芽去根洗净，入沸水锅内焯一下，捞出，沥水，切碎。
2. 将冬笋片和油豆腐切碎，与黄豆芽一起放入盆内，加入食用油、香油、精盐、味精和葱末，拌成素馅。
3. 将冷水面团揉匀稍醒，制成面皮，包入素馅，制成饺子，放入沸水锅煮熟即成。

营养小典 黄豆芽比黄豆更利于人体吸收。

茭瓜猪肉水饺

主料 冷水面团500克，肥瘦猪肉丁200克，茭瓜150克。

调料 葱姜末、精盐、酱油、味精、食用油、香油、蒜泥汁各适量。

做法

1. 茭瓜去皮、去瓤，切丝后剁细，挤去水分，加食用油拌匀。
2. 肥瘦猪肉丁加酱油、精盐拌匀入味，加入茭瓜、葱姜末、食用油、香油、味精，拌匀制成馅料。
3. 取冷水面团搓条，下剂擀皮，包入馅料，做成水饺生坯，放入沸水锅中煮熟，用漏勺捞出装盘，蘸大蒜泥汁食用。

营养小典 此水饺可提高人体免疫力。

主料 冷水面团500克，白菜100克，肥瘦猪肉丁200克。

调料 葱姜末、精盐、酱油、味精、食用油、香油、蒜泥汁各适量。

做法

1.白菜去掉老帮，洗净剁碎，加少许精盐腌一会儿，挤干水分，倒入小盆中，加入食用油、肥瘦猪肉丁、酱油、精盐、味精、葱姜末、香油、拌匀成馅。

2.取冷水面团揉匀，擀成大片，切成梯形小片，包入馅料，做成元宝形水饺生坯，放入沸水锅中煮熟，用漏勺捞出装盘，蘸蒜泥汁食用。

白菜元宝水饺

此水饺清热解毒、调和肠胃。

营养小典

主料 冷水面团500克，芸豆100克，肥瘦猪肉丁200克。

调料 葱姜末、花椒水、精盐、酱油、味精、香油、食用油各适量。

做法

1.芸豆撕去筋，洗净，上笼蒸熟，冷却后剁碎。

2.肥瘦猪肉丁加酱油、花椒水顺搅成糊，加入芸豆、葱姜末、精盐、味精、食用油、香油拌匀，制成馅料。

3.取冷水面团搓条，下剂擀皮，包入馅料，做成水饺生坯，下入沸水锅中煮熟，捞出装盘即可。

芸豆猪肉水饺

芸豆上笼蒸至嫩熟即可。

做法支招

紫菜汤饺

主料 冷水面团300克，猪肉末、酸菜各150克，紫菜、海米各15克。

调料 香菜段、葱末、精盐、酱油、味精、料酒、鲜汤、食用油各适量。

做法

1.酸菜、海米均剁碎；紫菜撕成小片；猪肉末、海米末、酸菜末、料酒、葱末、食用油、精盐、味精一同拌匀，制成馅料。

2.取冷水面团搓条，下剂擀皮，包入馅料，做成水饺生坯。

3.锅内烹入鲜汤烧开，放入饺子坯煮熟，放入紫菜烧开，加酱油调味，撒上香菜段即成。

营养小典 可补充钙质，促进骨骼、牙齿生长。

洋葱饺

主料 面粉500克，猪肉、洋葱各200克，鸡蛋1个（约60克）。

调料 葱姜末、精盐、味精、食用油各适量。

做法

1.猪肉洗净，绞成肉馅；洋葱洗净切末，加精盐、食用油、味精、肉馅和葱姜末搅匀，制成馅料。

2.面粉加精盐、水、鸡蛋揉成面团，搓条下剂，擀成饺子皮，包入馅料，捏成饺子生坯，放入沸水锅中煮熟即可。

饮食宜忌 凡皮肤瘙痒性疾病、患眼疾、眼部充血者应少食洋葱。

主料 冷水面团500克，牛肉200克，猪膘丁50克，鸡蛋100克。

调料 葱姜末、精盐、味精、酱油、料酒、花椒水、香油、食用油、蒜泥汁各适量。

做法

1.牛肉剁成泥，加猪膘丁、酱油、料酒、鸡蛋、花椒水、精盐、味精，顺一个方向搅成糊状，加食用油、香油、葱姜末搅匀，制成馅料。

2.取冷水面团搓条，下剂擀皮，用匙板包入馅料，做成水饺生坯，放入沸水锅中煮熟，捞出装盘，蘸蒜泥汁食用。

牛肉水饺

患肝病、肾病者慎食牛肉。 饮食宜忌

玉面水饺

主料 玉米面团500克，羊肉馅、胡萝卜各200克。

调料 葱花、精盐、酱油、味精、胡椒粉、花椒水、食用油各适量。

做法

1.将羊肉馅、胡萝卜、葱花、花椒水、酱油、精盐、味精、食用油、胡椒粉拌匀。

2.取玉米面团搓条，下剂擀皮，用匙板包入馅料做成水饺生坯。

3.锅内加水烧开，放入饺子生坯煮熟，待饺子漂起无白沫即熟。

玉米面团是由玉米面和面粉按照1:1.2的比例调制成的。 做法支招

红皮鸡肉水饺

主料 红曲米50克，面粉500克，鸡肉、青椒各200克。

调料 葱姜末、精盐、味精、酱油、食用油各适量。

做法

1.用红曲米泡水加入面粉中，调成红色面团，揉匀饧面；鸡肉、青椒均剁碎，倒碗中，加葱姜末、酱油、精盐、味精、食用油拌匀成馅料。

2.取红面团搓条，下剂擀皮，包入馅料，做成水饺生坯，入锅煮熟即可。

营养小典 红曲米以籼稻、粳稻、糯米等稻米为原料，用红曲霉菌发酵而成，为棕红色或紫红色米粒。

鲅鱼水饺

主料 鲜鲅鱼400克，猪板油丁、韭菜末各50克，冷水面团500克，鸡蛋清30克。

调料 精盐、味精、醋、胡椒粉、花椒水、香油各适量。

做法

1.鲜鲅鱼取肉，剁成泥，加入韭菜末、猪板油丁、花椒水、精盐、味精、胡椒粉、鸡蛋清、香油搅匀成馅料。

2.取冷水面团搓条，下剂擀皮，包入馅料，做成水饺生坯，入锅煮熟，捞出蘸醋食用即可。

营养小典 鲅鱼肉含不饱和脂肪酸较多，利于健脑。

主料 韭菜150克，绿豆芽200克，面粉500克，虾米15克。

调料 葱末、姜末、精盐、味精、香油各适量。

做法

1.韭菜洗净沥水，切末；绿豆芽洗净，剁成末；虾米用温水泡好，取出沥干。

2.将绿豆芽末放入盆内，加入韭菜末、虾米、精盐、味精、葱末、姜末、香油，搅匀成馅。

3.面粉加入适量清水和成面团，揉匀，盖上湿布醒面15分钟，稍揉几下，搓成条，揪成小面剂，擀成饺子皮，包入馅料，捏成饺子，放入沸水锅中煮熟即成。

芽菜虾米饺

此水饺可补钙壮骨，润肠通便。 营养小典

主料 冷水面团500克，莴笋、猪肉、蛤蜊各150克。

调料 葱姜末、精盐、味精、食用油各适量。

做法

1.蛤蜊煮熟，取肉切粒；莴笋去皮切细丝，挤干水分。

2.将莴笋丝、葱末、蛤蜊肉、猪肉馅同入小盆中，加入姜末、精盐、味精、食用油，顺一个方向搅匀，制成馅料。

3.冷水面团搓条下剂，擀成饺子皮，包入馅料，捏成饺子生坯，放入沸水锅中煮熟即可。

蛤蜊水饺

此水饺味道鲜美，营养丰富。 营养小典

卷心菜素蒸饺

营养小典 此蒸饺美容降脂，预防贫血。

主料 烫面面团500克，卷心菜200克，韭菜末、水发木耳末、虾皮、蛋皮末、水发粉丝段各50克。

调料 精盐、味精、香油、食用油各适量。

做法

1.卷心菜洗净剁碎，用精盐腌一会儿，挤干水分。

2.将剁碎的卷心菜倒入盆中，加入虾皮、韭菜末、蛋皮末、木耳末、粉丝段、食用油、香油、精盐、味精搅拌均匀，制成馅料。

3.取烫面面团搓条，下剂，擀皮，包入馅料，做成月牙形提花蒸饺坯，上笼以中火蒸熟即成。

芹菜蒸饺

营养小典 此水饺可清胃热、通血脉、明目醒脑。

主料 烫面面团500克，牛肉、芹菜各250克。

调料 葱末、精盐、酱油、味精、花椒水各适量。

做法

1.将芹菜洗净，取梗切碎，剁成末，加少许精盐腌一会，略挤出水分。

2.牛肉绞成肉泥，加入芹菜末、葱末、花椒水、精盐、味精、酱油拌匀，制成馅料。

3.将烫面面团搓条，下剂擀皮，将馅料包入皮内，捏成白菜形饺子，上笼旺火蒸熟即成。

主料 玉米面、面粉各250克，牛肉、萝卜各200克。

调料 葱姜末、精盐、味精、料酒、酱油、胡椒粉、五香粉、花椒油、香油各适量。

做法

1.萝卜去皮，洗净，剁碎，加少许精盐略腌，挤去水分。

2.牛肉洗净，剁成肉末，加入所有调料、萝卜末拌匀，制成馅料。

3.玉米面、面粉放入同一小盆内拌匀，加温水和成面团，略醒，搓成长条，下剂擀皮，包入馅料，捏成月牙形饺子坯，摆入蒸锅内，用旺火蒸熟即可。

清真玉面蒸饺

此蒸饺可健脾化痰，除湿降浊。

营养小典

主料 烫面面团500克，莴苣100克，牛肉200克，肥瘦肉丁50克。

调料 葱姜末、精盐、酱油、味精、胡椒粉、花椒水、香油各适量。

做法

1.莴苣削皮洗净，切丝后剁碎；牛肉剁成泥，加肥瘦肉丁、酱油、花椒水、精盐、味精、胡椒粉、莴苣末、葱姜末、香油拌匀，制成馅料。

2.取烫面面团搓条，下剂擀皮，将馅料包入皮内，捏成鸳鸯形生坯，上笼，旺火蒸熟即成。

莴苣牛肉蒸饺

莴苣能通经脉、消水肿、通乳汁。

营养小典

虾仁蒸饺

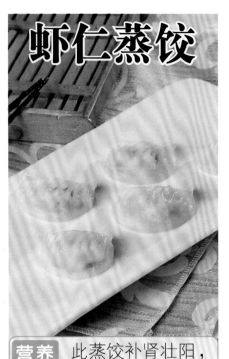

主料 澄粉300克，面粉200克，虾仁150克，肥肉丁、笋丝各50克。

调料 精盐、味精、白糖、胡椒粉、猪油、香油各适量。

做法

1. 澄粉、面粉加入热水和匀，放15分钟，加白糖、猪油揉匀，制成水晶面团。

2. 虾仁洗净；肥肉丁用开水烫至将熟，冷却后与笋丝、虾仁、面粉拌匀，加精盐、白糖、味精、香油、胡椒粉搅匀，置冰箱冷藏10分钟。

3. 水晶面团搓条下剂，按压成圆饼，包入馅料，捏成弯梳形生坯，上笼用旺火蒸熟即成。

营养小典 此蒸饺补肾壮阳，健脾化痰。

鸳鸯饺

主料 烫面面团500克，韭菜、鸡蛋液各200克，虾皮20克，红薯泥、油菜末各50克。

调料 精盐、味精、食用油各适量。

做法

1. 韭菜洗净切碎，加入鸡蛋液、虾皮、食用油、精盐、味精拌匀，调成馅料。

2. 取烫面面团搓条，下剂擀皮，用匙板将馅料包入皮内，捏成鸳鸯形饺子生坯，在两边分别酿入红薯泥、油菜末，上笼蒸熟即成。

饮食宜忌 韭菜不易消化，有胃病者应少食。

主料 烫面面团500克，鸡蛋、鲜贝肉各100克，黄瓜250克。

调料 精盐、味精、胡椒粉、水淀粉、食用油各适量。

做法

1.鸡蛋打入碗内，搅匀，炒成碎块；鲜贝肉洗净，沥干；黄瓜洗净切丝，剁碎，挤干水分。

2.将鸡蛋块、鲜贝肉、黄瓜放入盆中，加入精盐、味精、胡椒粉，搅匀成馅料。

3.将烫面团搓成条状，擀成饺子皮，包入馅料，捏严封口，排摆在平底油锅中，煎至饺子底部成金黄色时，淋入水淀粉，盖严盖，稍焖即可。

冰花煎饺

此煎饺降脂降压，利水祛湿。

营养小典

主料 馄饨皮300克，牛肉馅150克，芹菜末100克，酱牛肉丁、蛋皮丝各20克。

调料 葱姜末、香菜末、精盐、味精、酱油、花椒水、胡椒粉、香油、食用油各适量。

做法

1.牛肉馅加酱油、精盐、花椒水搅匀，加入芹菜末、葱姜末、食用油、香油、味精顺搅成馅料。

2.取馄饨皮包馅料，做成馄饨生坯。

3.锅内倒水烧开，下入蛋皮丝、香菜末、胡椒粉、精盐、味精、香油调味，放入馄饨生坯煮熟，盛碗中，撒上酱牛肉丁、蛋皮丝即可。

牛肉馄饨

常食牛肉可增长肌肉、增强力量。

营养小典

鸡丝馄饨

主料 馄饨皮300克，肥瘦猪肉馅200克，熟鸡丝、胡萝卜末、榨菜末、紫菜末各20克。

调料 葱姜末、香菜末、精盐、味精、酱油、花椒水、鸡汤、香油各适量。

做法

1.肥瘦猪肉馅加酱油、精盐、花椒水搅匀，加葱姜末、香油、味精顺搅成馅料。

2.馄饨皮包馅料，做成馄饨生坯。

3.锅内倒入鸡汤烧开，放入熟鸡丝、胡萝卜末、榨菜末、紫菜末、香菜末、精盐、味精、香油调味，下入馄饨生坯煮熟即可。

营养小典 此馄饨可增强体力、强壮身体。

虾仁馄饨

主料 馄饨皮300克，鲜虾仁、水发木耳末各100克，榨菜末、紫菜末各20克。

调料 葱姜末、香菜末、精盐、味精、花椒水、高汤、香油各适量。

做法

1.将鲜虾仁洗净，切碎，加水发木耳末、花椒水顺搅成糊，加葱姜末、精盐、味精、香油搅成馅料。

2.馄饨皮包入馅料，做成馄饨生坯。

3.锅内倒入高汤烧开，加入香菜末、榨菜末、紫菜末、精盐、味精调味，下入馄饨生坯煮熟即可。

做法支招 喜食辣者可在汤汁中加入胡椒粉。

饼

【主料】 面粉500克，鸡蛋2个（约120克），糖稀50克，黑芝麻20克。

【调料】 白糖、酵母、食用油各适量。

【做法】

1.将面粉、白糖、酵母、鸡蛋和适量水拌匀和成面团。

2.将面团搓成长条，下剂，擀成厚片，放入蒸锅蒸15分钟。

3.锅中倒油烧热，放入蒸制好的面饼炸至呈金黄色，盛出，在上面刷上糖稀，撒上黑芝麻即可。

糖酥烧饼

还可在配料里加花生米、核桃仁等。 【做法支招】

【主料】 中筋面粉500克，芝麻酱100克，芝麻50克。

【调料】 酵母粉、花椒粉、香油、食用油各适量。

【做法】

1.面粉中放入酵母粉、香油及清水揉匀，制成面团，用湿布盖严，醒发1小时；芝麻酱、花椒粉加水调匀。

2.将面团擀成长方形薄片，均匀地抹上调好的芝麻酱，顺长卷起，揪成面剂，按扁，擀成圆饼，粘上芝麻。

3.烤盘内刷一层油，排入烧饼，放入烤箱中层，以200℃上下火烤25分钟左右即可。

麻酱烧饼

经常食用芝麻对骨骼发育有益。 【营养小典】

油酥火烧

主料 面粉400克，黄米面100克。

调料 精盐、食用油各适量。

做法

1. 将黄米面、精盐、食用油拌匀，制成油酥。

2. 将面粉加水和成面团，揉松后稍醒发，擀匀，放上油酥面，擀匀卷起，揪成面剂，用手按平，擀成火烧生坯。

3. 将火烧生坯放入预热好的烤箱中层，以210℃上下火烘烤，及时抹油，待烧饼两面烤至微黄即可。

做法支招 根据自己喜好，还可灌入鸡蛋，做成油酥鸡蛋火烧。

平度火烧

主料 面粉500克。

调料 精盐、花椒粉、芝麻酱各适量。

做法

1. 面粉加适量温水和成面团，醒发30分钟。

2. 精盐和花椒粉一起放入小碗中搅拌均匀。

3. 面团擀成大片，抹上芝麻酱，均匀地撒上花椒粉、精盐，卷成长条，再切成大小合适均匀的段，压扁做成小火烧，用电饼铛烤熟即可。

营养小典 平度火烧外焦里嫩，香酥可口。

玉米面饼

主料 玉米面300克，糯米粉50克，鸡蛋1个（约60克），牛奶150毫升。

调料 食用油适量。

做法

1.用热水将玉米面调开，加入糯米粉拌匀，鸡蛋加牛奶拌匀，倒入玉米面中，搅拌成可以流动的面糊备用。

2.将玉米糊倒入平底油锅中，煎至一面焦黄即可。

玉米面中含钙、铁质较多，可防病强身。

营养小典

糯米豆沙饼

主料 糯米粉300克，面粉50克，豆沙馅250克，白芝麻50克。

做法

1.将糯米粉、面粉放入容器中，加适量水拌匀至软硬适中。

2.将拌匀的糯米粉下剂，按扁，包入豆沙馅，滚匀白芝麻，按扁成圆形。

3.将圆形糯米饼放入电饼铛煎烙至呈金黄色即可。

糯米含有蛋白质、脂肪、糖类、钙、磷、铁、B族维生素及淀粉等，营养丰富。

营养小典

南瓜饼

主料 南瓜200克，糯米粉、面粉各50克，豆沙馅100克。

调料 白糖适量。

做法

1.将南瓜洗净去皮，蒸熟凉透，捣烂。

2.在糯米粉里加入南瓜泥、面粉、白糖，拌匀成南瓜面团。

3.将南瓜面团搓条，用刀切小剂，按扁，包入豆沙馅做成圆形，放入沸水蒸锅蒸15分钟即可。

营养小典 糯米具有补中益气、健脾养胃、止虚汗之功效。

山药饼

主料 山药200克，糯米粉、面粉各50克。

调料 精盐、五香粉、食用油各适量。

做法

1.将山药去皮，切块蒸熟，压成泥。

2.在山药泥中加入糯米粉、面粉、精盐、五香粉、食用油拌匀，下剂，按扁成圆形。

3.将山药饼坯放入电饼铛煎烙至两面金黄色即可。

营养小典 山药具有补虚益损的功效。

【主料】 红枣250克，面粉500克，白术、干姜、鸡内金各5克。

【调料】 精盐、食用油各适量。

【做法】

1.白术、干姜加水熬成汁，加入红枣，煮熟后捞起，去枣核，压成泥。

2.将鸡内金磨成细粉，与面粉、精盐拌匀。

3.将面粉、枣泥、药汁揉成面团，摊成饼，放入热油锅煎成两面金黄色即可。

红枣饼

常食红枣能补血补气，提高人体免疫力。

【营养小典】

五仁酥饼

【主料】 面粉500克，核桃仁、花生仁、瓜子仁、白芝麻、松仁各25克，鸡蛋1个（约60克）。

【调料】 白糖、牛油、食用油各适量。

【做法】

1.将面粉、牛油、鸡蛋、白糖调和在一起，揉成油面团；将核桃仁、花生仁、瓜子仁、白芝麻、松仁拌在一起，调成五仁料；将油面团和五仁料混合在一起，揉成面团。

2.将面团搓成长条，下剂，压扁制成月牙形状，两面刷少许油。

3.烤盘刷油，排入五仁饼，放入烤箱内烤至呈金黄色，取出装盘即可。

此饼滋补肝肾，润肺健脾。

【营养小典】

香煎芝麻饼

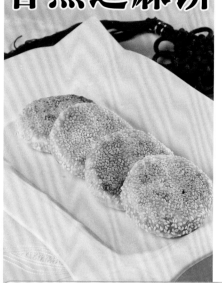

主料 面粉、枣泥馅各100克，糯米粉300克，白芝麻50克。

调料 白糖、牛油、食用油各适量。

做法

1. 面粉、糯米粉、白糖、牛油用冷水调匀，揉成油面团，用湿布盖严，醒40分钟。

2. 将面团搓成长条，每20克下一个剂子，包入10克枣泥馅，封严口，粘上白芝麻，上屉蒸熟。

3. 平锅倒油烧热，放入芝麻饼，将两面煎至金黄色，出锅即可。

营养小典 芝麻含铁量极高，对偏食厌食有一定的调节作用，还能预防缺铁性贫血。

莲蓉枣泥饼

主料 糯米粉200克，去皮熟地瓜300克，面粉、莲蓉、枣泥馅各100克，鸡蛋液、面包糠各60克。

调料 白糖、牛油各适量。

做法

1. 将糯米粉、面粉、熟地瓜、白糖、牛油搅成泥，调和成面团。

2. 将莲蓉、枣泥馅拌匀成馅料。

3. 将面团搓成长条，每25克下一个面剂，按扁，包入馅料，封口捏严，压成饼形，裹匀鸡蛋液，粘面包糠，放入油锅炸至金黄色即可。

做法支招 包入馅料后，封口一定要捏严，以免在炸制时漏馅，影响外观。

千层蒸饼

[主料] 中筋面粉500克，清油酥100克。

[调料] 酵母、泡打粉各10克，白糖适量。

[做法]

1.面粉加清水、白糖、酵母、泡打粉调匀，揉成发面团，用湿布盖严，醒1小时，待松软。

2.将发面团擀成长方形薄饼，抹上清油酥，从一端卷起，用湿布盖严，再醒30分钟，均匀切段，上屉蒸熟即可。

油酥不要抹太多，薄薄一层即可，否则会影响发酵效果。 [做法支招]

[主料] 面粉500克。

[调料] 精盐、食用碱、食用油各适量。

[做法]

金丝饼

1.面粉加少许精盐和食用碱，用温水和成面团，揉匀后用湿布盖严，醒发30分钟，待松软。

2.将面团搓成长条，反复抻，将面抻成细丝，刷上油，分切成份，再将每份盘圆，稍按成饼状。

3.平锅倒油烧热，放入金丝饼坯，用中火将饼两面烙成金黄色，取出，用干净热湿布盖严，上屉再蒸2分钟，取出装盘即可。

盘圆时要顺直卷，使其自然成塔形。 [做法支招]

土家饼

主料 面粉500克，熟芝麻20克。

调料 酵母、精盐、胡椒粉、花椒粉、孜然、甜面酱各适量。

做法

1.将面粉加入酵母、温水，和成面团，加盖发酵2小时。

2.将面团揪成面剂，压成两寸大小的薄饼，将胡椒粉，花椒粉、孜然、甜面酱、精盐均匀地刷在饼上。

3.将做好的饼坯放入预热好的烤箱中层，以190℃上下火烤20分钟，取出撒上熟芝麻即可。

做法支招 土家饼酱料是关键，刷匀酱料，做出来的土家饼才会更加美味。

土豆丝筋饼

主料 烫面团500克，炝土豆丝300克。

调料 食用油适量。

做法

1.取烫面团搓条，下剂按扁，刷一层油，再将两个刷油扁面剂合在一起，擀皮成薄皮。

2.将薄皮放入电饼铛烙熟，取出揭开，卷入炝好的土豆丝即可。

做法支招 也可加入适量胡萝卜丝，会更加美味。

主料 🥄 烫面团500克，炝胡萝卜丝300克。

调料 🧂 食用油适量。

做法 👨‍🍳

1.取烫面团搓条，下剂按扁，刷一层油，再将两个刷油扁面剂合在一起，擀皮成薄皮。

2.将薄皮放入电饼铛烙熟，取出揭开，卷入炝好的胡萝卜丝即可。

胡萝卜丝筋饼

胡萝卜含有植物纤维，吸水性强，在肠道中体积容易膨胀，可加强肠道的蠕动，从而利膈宽肠、通便防癌。 **营养小典**

主料 🥄 烫面团500克,炒肉丝300克。

调料 🧂 食用油适量。

做法 👨‍🍳

1.取烫面团搓条，下剂按扁，刷油，再将两个刷油扁面剂合在一起擀成薄皮。

2.将薄面皮放入电饼铛烙熟，取出，揭开，卷入炒好的肉丝即可。

肉丝筋饼

给肉丝上浆时要加适量淀粉和水，使肉丝表面有一层保护膜，而且水会渗透进肉丝，使肉丝炒出来嫩一些。 **做法支招**

肉火烧

主料 发酵面团500克，猪肉馅、洋葱各200克。

调料 葱花、姜末、精盐、味精、酱油、食用油各适量。

做法

1.洋葱切碎；猪肉馅加入食用油、酱油、葱花、姜末、精盐、味精拌匀，加入洋葱，搅拌均匀成馅料。

2.将发酵面团下剂，按扁，包入调好的肉馅，压扁成饼状。

3.电饼铛内刷少许油加热，放入包好的肉馅饼，煎烙至两面金黄色即可。

做法支招 判断面团是否醒发好，只要手插入后面团不回缩即可。

叉烧酥饼

主料 面粉500克，叉烧肉250克，冬笋、芝麻、鸡蛋液各50克。

调料 叉烧酱、牛油各适量。

做法

1.叉烧肉、冬笋均切片，加入叉烧酱拌匀成馅料。

2.将150克面粉加入牛油拌匀，做成油酥，放入冰箱冷藏15分钟。

3.将剩余面粉加温水调和，揉成面团，稍醒发，擀皮，包入油酥，擀成长方形，再用模具扣出圆形面饼，放入叉烧馅，对折成半圆形，刷蛋液，粘芝麻，放入预热好的烤箱以180℃上下火烤至外表呈金黄色即可。

选购支招 叉烧酱可在超市或农贸市场购得。

主料 面粉500克，酱五花肉、青椒、红椒各100克，番茄50克。

调料 香菜末、酵母各适量。

做法

1. 将面粉加入酵母、温水，和成面团，发酵2小时，搓条，揪成面剂，压成饼状，用烤箱烤至两面焦黄，取出。

2. 酱五花肉、青椒、红椒均切丁；番茄切片。

3. 将做好的馍片开，放上番茄片，夹入酱五花肉丁、青椒丁、红椒丁、香菜末即可。

肉夹馍

此馍可滋养脾胃、强健筋骨。

营养小典

主料 土豆泥300克，枣蓉、面粉各100克，鸡蛋25克。

调料 白糖、食用油各适量。

做法

1. 将土豆泥加面粉、鸡蛋拌匀，搓成条，擀薄摊平，中间包枣蓉馅，做成棋子形圆饼。

2. 锅中倒油烧热，放入土豆饼炸呈金黄色，捞出。

3. 锅中倒入适量水，放入白糖，小火加热，熬至汤汁黏稠，放入炸好的土豆饼，轻转锅，使糖汁挂在土豆饼上，再轻翻锅，再轻转锅，使糖汁浓稠，盛出摆盘即可。

蜜汁薯饼

此饼补脾养胃，缓解胃病不适。

营养小典

风味小黏饼

此饼温暖脾胃，补中益气。

主料 澄面100克，面粉、糯米粉各200克，豆沙馅300克。

调料 白糖、猪油、食用油各适量。

做法

1.用沸水将澄面烫熟；将白糖、猪油、水调和均匀，加入面粉、糯米粉和烫熟的澄面，揉成面团，用湿布盖严，醒发40分钟，搓成长条，下剂，包入豆沙馅，捏紧封口，压扁，上屉蒸5分钟出锅。

2.平锅倒油烧热，放入蒸好的小黏饼，将两面煎至金黄色，出锅装盘即可。

韭菜盒子

做法
支招 可以用烫面也可以用发面来做。

主料 韭菜、鸡蛋各150克，面粉500克。

调料 精盐、味精、胡椒粉、食用油各适量。

做法

1.韭菜洗净，切碎；鸡蛋磕碗中打散，倒入热油锅炒成蛋块，盛出；韭菜、鸡蛋倒入大碗中，加精盐、味精、胡椒粉、食用油拌匀，制成馅料。

2.面粉中倒入沸水，搅拌成块状，再分次加入清水和少许精盐，搅拌均匀，揉成面团，稍醒，下剂擀皮，包入馅料，封口收边，呈半月形。

3.平锅倒油烧热，放入韭菜盒子生坯，将两面煎至金黄色即可。

其他

主料 🥄 面粉500克，菠菜汁适量。

调料 🧂 食用油适量。

做法 👨‍🍳

1.面粉加菠菜汁、适量水拌匀，揉成面团，醒发40分钟。

2.将面团搓成长条，擀成长方形片，刷上油，卷起，再醒发15分钟，上笼蒸熟即可。

翠色花卷

面皮要薄，花卷的形状才好看。

做法支招

主料 🥄 全麦粉、黑米粉各250克。

调料 🧂 酵母适量。

做法 👨‍🍳

1.全麦粉与黑米粉放盆中，加入酵母和适量水拌匀，揉成光滑的面团，盖上保鲜膜，放温暖处醒发40分钟。

2.将醒发好的面团再次揉搓均匀，搓成长粗条，分割成份，每份分别揉搓长圆，成馒头生坯。

3.将馒头生坯放入蒸笼蒸20分钟至熟即可。

黑米馒头

黑米营养丰富，含有大米所缺乏的维生素C、花青素、胡萝卜素及强心苷等特殊成分。

营养小典

豆沙双色馒头

主料 面团300克，豆沙馅150克。

调料 白糖适量。

做法

1. 面团分成两份，一份加入豆沙馅、白糖和匀，另一份揉匀。
2. 将掺有豆沙的面团和另一份面团均搓成长条，擀成长薄片，喷上少许水，叠放在一起。
3. 从边缘开始卷成均匀的圆筒形，切成馒头生坯，醒发15分钟，入锅蒸熟即可。

做法支招 蒸的时候不要摆放得过于密集，要留出体积膨胀的空间。

广式腊肠卷

主料 发酵面团500克，广式腊肠300克。

做法

1. 取发酵面团下剂，搓成长条。
2. 将长条面缠绕在腊肠上，醒发上屉蒸10分钟即成。

做法支招 选购腊肠要选外表干燥，肉色鲜明的，如果瘦肉成黑色，肥肉成深黄色，且散发出异味，表示已过期，不要购买。

主料 糯米粉350克，面粉50克，杧果100克。

调料 白糖、红豆沙各适量。

做法

1.将糯米粉、面粉加水、白糖揉好，上锅蒸熟，取出，凉凉切块；杧果去皮，取肉，切粒。

2.在糯米粉块的中间夹一层红豆沙，放入蒸锅蒸5分钟。

3.取出糯米糕待凉后，放上杧果粒食用即可。

杧果糯米糕

制作时注意，要等糯米糕凉后再放上杧果，不然会破坏杧果的风味。

做法支招

主料 糯米粉、面粉各150克，糯米、腰果各50克。

调料 白糖适量。

做法

1.糯米洗净，用水泡6小时，捞出沥水，入锅蒸30分钟，备用。

2.糯米粉、白糖、面粉加适量水拌匀成面团，切成方块，蘸匀糯米，在一面压上腰果，成糍粑生坯。

3.将糍粑生坯放入蒸锅，蒸熟即可。

腰果糍粑

也可以放入热油锅炸熟，这样腰果会更脆。

做法支招

葡萄干糍粑

主料 糯米粉、面粉各150克，糯米、葡萄干各50克。

做法

1. 糯米洗净，用水泡6小时，捞出沥水，入锅蒸30分钟，盛出；葡萄干洗净。
2. 糯米粉、面粉加适量水拌匀成面团，切成长方块，蘸匀糯米，在一面压上葡萄干，成糍粑生坯。
3. 将糍粑生坯放入蒸锅，蒸熟即可。

做法支招 也可以加入如青梅、蔓越莓等其他果类干品。

糯米团子

主料 糯米粉400克，面粉50克，芝麻25克，果料(金糕丁、瓜仁丁、核桃丁)适量。

调料 白糖、糖粉各适量。

做法

1. 芝麻加白糖、果料，调匀成馅；糯米粉、面粉加适量水和匀成面团。
2. 将糯米面团搓成长条，下剂，按成小片，包入馅，滚上糖粉，放入预热的烤箱，以180℃上下火烤15分钟即可。

做法支招 包馅时口要封严。

主料 糯米400克，熟面粉50克，去核红枣50克。

调料 白糖、食用油各适量。

做法

1.将去核红枣洗净，入笼蒸20分钟；糯米淘洗干净，用温水浸泡3小时后，加适量白糖，入笼屉蒸熟。

2.将蒸熟的糯米饭入白中，用木棒捣黏，加入红枣、熟面粉揉匀成糯米糕坯。

3.将糯米糕放入涂有油的平盘中，按实，凉后倒在案板上，切块即可。

糯米糕

食时可以再加热，蘸绵白糖食用，也可入热油锅炸成金黄色后食用。

做法支招

主料 面粉500克。

调料 精盐、食用碱、食用油各适量。

做法

1.精盐、食用碱加水融化，倒入面粉中，加油拌匀，和成面团。

2.将面团放在案板上，先用刀切成条状，一手按面，一手将面拉长拉薄，用刀切成长3厘米、宽2厘米的小块。

3.两块面合在一起，在中间切一小口，放入油锅中炸至呈金黄色时捞出，控净油，摆放在盘中即成。

焦圈

面团的比例要合适，揉透；面剂要揪得均匀；油温要掌握好。

做法支招

姜汁排叉

主料 面粉500克，鲜姜、朱古力彩针各20克。

调料 白糖、糖桂花、食用油各适量。

做法

1. 将面粉加水和成面团，擀成薄片，切成大面片，两片合在一起，在中间切上三刀，翻成排叉生坯。
2. 鲜姜去皮，切成细丝，煮成鲜姜水，加入白糖、糖桂花煮至黏稠，转小火续煮（俗称蜜锅）。
3. 将排叉坯放入热油锅中炸至呈金黄色，捞出控油，放入蜜锅中蘸过蜜捞出，撒上朱古力彩针，凉凉即成。

做法支招 蜜锅里蜜汁浓度要适当。

开口笑

主料 面粉500克，鸡蛋、芝麻各50克。

调料 白糖、食用碱、食用油各适量。

做法

1. 取一容器，将鸡蛋、白糖、食用碱、食用油和适量水搅匀，倒入面粉，和成面团，揉匀，揪成小剂，揉成小球，沾上芝麻，成开口笑生坯。
2. 锅中倒油烧至六七成热，放入开口笑生坯炸至开花，将油温控制在四五成热，炸至开口笑呈金黄色、熟透且自然裂开口时捞出，控净油，摆放在盘里即成。

做法支招 刚下锅时油温要高些才能炸开花。

Part 3

滋补汤煲

健康素汤

菱角汤

主料 鲜菱角300克。

调料 精盐适量。

做法

1. 鲜菱角洗净，连壳带肉一切两半。
2. 锅中倒水烧沸，放入菱角，大火烧沸，转小火熬成浓汤，加精盐调味即可。

营养小典 菱角含有丰富的蛋白质、不饱和脂肪酸及多种维生素和微量元素，具有利尿通乳、止消渴、解酒毒的功效。

白果莲子汤

主料 白果、莲子各100克。

调料 白糖适量。

做法

1. 白果入锅炒熟，去壳；莲子洗净。
2. 将莲子入锅，加水煮至将熟，加入白果仁一同煮熟，加白糖调味即可。

营养小典 此汤养心益肾，涩精止遗。

主料 黑芝麻、核桃肉各50克，柏子仁5克。

调料 蜂蜜适量。

做法

1.将黑芝麻、核桃肉、柏子仁一同捣烂成泥。

2.锅中倒入适量水，放入芝麻核桃泥，煮沸，加蜂蜜调匀即可。

芝麻核桃汤

此汤补益肝肾，养血安神，润肠通便。

营养小典

主料 核桃仁100克，干山楂20克。

调料 红糖适量。

做法

1.将核桃仁、干山楂用水浸至软化，放入搅拌机打碎，加入适量水，过滤去渣。

2.将滤液倒入锅中，煮沸，加入红糖调味即可。

核桃仁山楂汤

此汤通润血脉，开胃健脾。

营养小典

113

红豆汤

主料 红豆200克,带皮老姜30克,米酒3000毫升。

调料 红糖适量。

做法

1. 将红豆泡入米酒水中,加盖泡8小时。
2. 带皮老姜切丝,放入泡好的红豆中。
3. 锅中倒入适量水,倒入红豆、姜丝,大火煮滚后,加盖转中火继续煮20分钟,转小火再煮1小时,熄火,加入红糖拌匀即可。

做法支招 甜度可随个人的口味来增减。

枸杞枣豆汤

主料 黑豆100克,枸杞子、红枣各20克。

调料 精盐适量。

做法

1. 黑豆洗净,浸泡2小时,捞出沥水。
2. 红枣洗净去核,同黑豆、枸杞子一起放入锅内加入适量水,小火煮至黑豆熟,加精盐调味即可。

营养小典 此汤可补益肝肾,养精明目。

主料 酸枣100克。

调料 白糖适量。

做法

1. 酸枣洗净，去核。
2. 将酸枣放入锅内，加适量水，小火煮1小时，加入白糖即可。

酸枣开胃汤

此汤清新可口，健脾胃，对于急慢性肝炎、心烦意乱等症有一定疗效。

营养小典

主料 大枣、干香菇各50克。

调料 姜片、精盐、味精、料酒、食用油各适量。

做法

1. 将去核大枣洗净。
2. 干香菇用温水泡至软涨，捞出洗去泥沙。
3. 将泡香菇的水注入盅内，放入香菇、大枣、精盐、味精、料酒、姜片、食用油及少许水，隔水炖熟即可。

香菇红枣汤

此汤强身健体，延年益寿。

营养小典

苦瓜绿豆汤

主料 苦瓜、绿豆各100克。
调料 白糖适量。
做法

1. 苦瓜洗净，剥开去瓢，切片；绿豆洗净，浸泡2小时。
2. 锅中倒入适量水，放入绿豆煮至开花，倒入苦瓜片煮烂，加白糖调味，凉后饮汤吃豆及瓜。

饮食宜忌 苦瓜性凉，脾胃虚寒者不宜食用。

红苋绿豆汤

主料 红苋菜200克，绿豆50克。
调料 精盐、味精各适量。
做法

1. 将红苋菜洗净，切段；绿豆洗净，浸泡2小时。
2. 锅中放绿豆和适量水，煮至开花，放红苋菜段、精盐、味精，再开锅即可。

营养小典 苋菜富含易被人体吸收的钙质，可预防肌肉痉挛。

主料 菠菜、苹果、西蓝花、胡萝卜各50克，牛奶300毫升。

调料 精盐、胡椒粉各适量。

做法

1.胡萝卜去皮切丁；西蓝花洗净切小朵；苹果去皮切丁；菠菜洗净切段，放入果汁机中，加牛奶打成汁。

2.锅中倒水烧沸，加入打好的果蔬汁搅匀，放入西蓝花、胡萝卜丁、苹果丁煮熟，调入精盐、胡椒粉，煮至滚沸即可。

苹果蔬菜浓汤

菠菜选择杆粗、叶少的为佳。

做法+支招

主料 菜心200克，鸡蛋2个（约120克）。

调料 精盐、素高汤各适量。

做法

1.菜心洗净切段；鸡蛋磕开打散。

2.素高汤倒入锅中，加适量水烧开，放入菜心段及少量精盐，待水开后略煮一会儿，淋入蛋液，煮沸即可。

菜心蛋花汤

鸡蛋的蛋黄中含有较多的胆固醇及卵磷脂，这两种营养物质都是神经系统正常发育所必需的。

营养+小典

四丝汤

主料 冬笋、豆腐、水发木耳、榨菜各50克。

调料 葱姜末、精盐、酱油、醋各适量。

做法

1.冬笋、水发木耳、豆腐均洗净后切细丝；榨菜用冷水浸泡1小时，捞出沥干，切丝。

2.锅中倒适量水，放入冬笋丝煮沸，放入豆腐丝、木耳丝、榨菜丝，加入精盐，再次煮沸后，放葱姜末、酱油、醋，煮沸即可。

营养小典 竹笋味甘、微苦，性寒，能化痰下气、清热除烦、通利二便。

芹菜降压汤

主料 芹菜、番茄、紫菜、荸荠各50克，洋葱20克。

调料 精盐、味精各适量。

做法

1.荸荠削皮洗净；芹菜去蒂洗净，切段。

2.紫菜用湿水浸泡，除去泥沙；番茄洗净，切片；洋葱去蒂、去皮，切细丝。

3.炒锅内注入适量水，放入以上主料，大火烧开，调入精盐、味精，小火煮1小时即成。

营养小典 荸荠可开胃消食，治呃逆，消积食，饭后宜食此果。

【主料】嫩南瓜100克，枸杞子、银杏、芹菜末各20克。

【调料】精盐、素高汤各适量。

【做法】

1.嫩南瓜去瓤、去子，带皮切块；枸杞子、银杏均洗净。

2.汤煲中倒入素高汤煮沸，放入南瓜块、枸杞子、银杏，撒入适量精盐，大火煮开，转至小火煮5分钟，撒入碎芹菜末稍煮即可。

杞子南瓜汤

此汤滋肝补肾，安神明目，补中益气。

营养小典

黄豆芽干菜汤

【主料】黄豆芽150克，干紫菜20克。

【调料】蒜末、精盐、味精、香油各适量。

【做法】

1.干紫菜泡发后择洗干净,撕成小块；黄豆芽洗净。

2.锅中加入清水，加入紫菜和黄豆芽，大火煮沸，改小火焖煮1分钟，调入蒜末、精盐、味精、香油，搅拌均匀即可。

此汤可防止动脉硬化，对甲状腺肿大、淋巴结核、气管炎等症有一定预防效果。

营养小典

番茄鸡蛋汤

主料 番茄100克，洋葱20克，鸡蛋2个（约120克）。

调料 精盐、白糖、海带清汤各适量。

做法

1. 将番茄去皮、去瓤，切成小块；鸡蛋磕入碗中搅匀。
2. 将洋葱切碎，放入锅中，加入海带清汤、白糖、精盐同煮，煮至洋葱熟烂，加入番茄块，淋入鸡蛋液即可。

营养小典 鸡蛋中蛋氨酸含量特别丰富，而谷类和豆类都缺乏这种人体必需的氨基酸。

空心粉番茄汤

主料 番茄300克，空心粉200克。

调料 干酪碎、精盐、味精各适量。

做法

1. 将空心粉入锅煮至八成熟，捞出沥水；番茄去皮、去瓤，放入榨汁机榨成汁。
2. 将空心粉、番茄汁、味精放入锅中同煮至空心粉熟，加精盐调味，撒上干酪碎即可。

做法支招 通心粉的种类很多，一般都是选用淀粉质丰富的粮食经粉碎、胶化、加味、挤压、烘干而制成各种各样的面类食品。

主料 豆腐200克。

调料 葱花、黄豆酱、海带清汤各适量。

做法

1. 将豆腐切成小块，放入沸水锅焯烫后捞出。

2. 将豆腐块、海带清汤倒入锅中，加入黄豆酱煮10分钟，撒上葱花即可。

豆腐酱汤

黄豆酱在加工过程中，黄豆本身更多的磷、钙、铁等矿物质被释放出来，提高了人体对大豆中矿物质的吸收率。

营养小典

主料 胡萝卜、萝卜各100克。

调料 酱油、海带清汤各适量。

做法

1. 将萝卜和胡萝卜均去皮，切成小丁。

2. 锅中倒入海带清汤，放入萝卜丁、胡萝卜丁，大火煮沸，转中火煮熟，用酱油调味即可。

萝卜胡萝卜汤

此汤利水祛湿，化痰止咳。

营养小典

蚕豆素鸡汤

主料 素鸡、鲜蘑、蚕豆、金针菇各50克。

调料 精盐、味精、食用油各适量。

做法

1. 将鲜蘑与金针菇洗净，放入温水中稍泡；蚕豆剥皮洗净；素鸡切段。

2. 锅中倒油烧热，下入素鸡段炒至泛白，加入适量水，放入蚕豆、金针菇、香菇共煮至熟，加精盐、味精调味即可。

营养小典 此汤健脾利尿，益气消肿，养胃。

蘑菇汤

主料 蟹味菇、韭菜、裙带菜各50克，熟芝麻10克。

调料 葱丝、精盐、素高汤、辣椒油各适量。

做法

1. 将蟹味菇撕开洗净；韭菜切段；裙带菜放入水中浸泡，去掉盐分，切片。

2. 锅中倒水烧沸，放入素高汤，倒入蟹味菇、韭菜段、裙带菜煮熟，调入精盐推匀，淋辣椒油，撒上葱丝、熟芝麻即可。

饮食宜忌 菌类生食易导致腹痛、中毒，要完全煮熟后才可食用。

主料🍗 鸽蛋、百合、莲子各50克。

调料🧂 精盐适量。

做法👨‍🍳

1.鸽蛋入锅煮熟，剥去鸽蛋皮。

2.百合剥开，洗净；莲子洗净，浸泡30分钟。

3.锅中倒入适量水，加入鸽蛋、百合、莲子，熬煮1小时，加精盐调味即可。

百合鸽蛋汤

百合味甘、微苦、性平，可止咳，安神，适用于肺结核咳嗽。 营养小典

主料🍗 鹌鹑蛋10个，西米30克。

做法👨‍🍳

1.西米洗净，入沸水锅煮5分钟，离火，闷10分钟，再用冷水冲洗，拨散颗粒，滤去水，再入沸水锅煮5分钟，离火，闷5分钟，最后用冷水漂清，浸泡30分钟。

2.取已胀发的西米，倒入锅内沸水中，转小火煮10分钟，磕入鹌鹑蛋，再煮1分钟即成。

西米珍珠蛋

此汤健脑益智，促进身体发育。 营养小典

营养肉汤

强身汤

主料 猪瘦肉250克，枸杞子10克。

调料 葱花、精盐各适量。

做法

1. 将猪瘦肉用温水洗净，切大块；枸杞子洗净。

2. 锅置火上，放少量开水，加入枸杞子、猪瘦肉块，大火烧开，改小火煮烂，加精盐调味，撒葱花即可。

饮食宜忌 最适合吃枸杞子的是体质虚弱、抵抗力差的人，要长期坚持，每天吃一点，才能见效。

丸子黄瓜汤

主料 黄瓜100克，猪肉200克，鸡蛋清30克。

调料 葱姜末、精盐、味精、花椒水各适量。

做法

1. 猪肉洗净剁泥，与鸡蛋清、葱姜末、精盐和少量水混合搅拌均匀，做成丸子；黄瓜洗净，切片。

2. 锅中加入适量水煮沸，放入丸子，大火煮沸，撇去表面浮沫，转中火煮至丸子熟透，加入黄瓜片、精盐、味精、花椒水，再次煮沸即可。

做法支招 在搅拌肉泥时，应使泥子顺一个方向进行机械运动，使肉泥吸收水分，才会上劲。

主料 茄子、猪肉各150克。

调料 香葱末、蒜末、精盐、味精、酱油、料酒、高汤、食用油各适量。

做法

1.茄子洗净去蒂，切长条；猪肉洗净，剁成肉末。

2.锅内倒入少许油烧热，下入茄条煎至脱水。

3.另锅倒油烧热，下入肉末炒匀，加蒜末、酱油炒至上色，加入煎好的茄条，烹入料酒翻炒片刻，倒入高汤煮开，加入精盐、味精调味，撒上香葱末即可。

肉末茄条汤

此汤补五脏，祛风通络，消肿宽肠。 营养小典

氽里脊片汤

主料 猪里脊肉、黄瓜各150克。

调料 精盐、酱油、味精、高汤各适量。

做法

1.猪里脊肉洗净，切片；黄瓜洗净，切片。

2.锅置旺火上，放入高汤烧沸，加入酱油、精盐、猪里脊片烧沸，撇去浮沫，加入黄瓜片、味精，煮至再沸即成。

食用猪肉后不宜大量饮茶，因为茶叶的鞣酸会与蛋白质合成具有收敛性的鞣酸蛋白质，使肠蠕动减慢。 饮食宜忌

木樨汤

主料 瘦猪肉、虾仁、水发木耳、菠菜各30克，鸡蛋1个（约60克），海米适量。

调料 精盐、清汤各适量。

做法

1. 瘦猪肉洗净，切丝；菠菜洗净，切段；水发木耳洗净，切丝；鸡蛋磕入碗中打散。

2. 锅置火上，倒入清汤，放入肉丝、海米、虾仁、木耳丝、精盐，大火烧沸，转小火，淋鸡蛋液，放入菠菜段、味精，煮至蛋花浮起即可。

做法支招 生猪肉黏上脏东西，用水冲洗反而会越洗越脏。可用温淘米水洗两遍，再用清水冲洗一下，脏东西就容易除去了。

黄豆排骨汤

主料 黄豆、排骨各200克。

调料 姜片、香菜、精盐、味精、料酒各适量。

做法

1. 将黄豆放入炒锅中略炒（不必加油），再用清水洗净，沥水。

2. 排骨洗净，斩块，放入沸水锅汆至变色，捞出沥干。

3. 瓦煲加水烧沸，放入排骨块、炒好的黄豆、姜片，倒入料酒，大火烧沸，改用中火煲至黄豆、排骨熟烂，加精盐、味精调味，点缀香菜即可。

营养小典 此汤健脾祛湿，滋养强壮。

玉米排骨汤

主料 猪排骨200克，玉米150克。

调料 葱段、姜片、精盐、料酒各适量。

做法

1. 猪排骨洗净，剁成块，放入沸水锅汆烫片刻，捞出沥干；玉米洗净，切成小段。

2. 锅置火上，倒水、料酒，放入猪排骨、葱段、姜片，大火煮开，转小火煲30分钟，放入玉米段，煲至排骨熟烂，拣去姜、葱，加精盐调味即可。

选择嫩一些的玉米，煮出的汤清甜、滋润。

做法支招

花生猪蹄汤

主料 猪蹄500克，花生50克。

调料 精盐、味精各适量。

做法

1. 猪蹄除去蹄甲和毛，洗净。

2. 猪蹄和花生一起放入炖锅中，加适量水，小火炖熟，加精盐、味精调味即可。

猪蹄用开水烫过后可以洗去部分油脂，还能使猪皮上的细毛更容易去除。

做法支招

枣豆猪尾汤

主料 猪尾500克，花生米、枣干各50克。

调料 精盐适量。

做法

1. 将猪尾刮净皮毛，洗净，斩段；枣干去核洗净；花生米洗净。
2. 煲内放入适量水，再放入猪尾段、花生米、枣干，大火烧沸，改小火炖煲3小时，加精盐调味即可。

营养小典 此汤美容养颜，补气养血。

猪舌雪菇汤

主料 猪舌、猪肉、水发银耳、水发冬菇各50克。

调料 精盐、味精、食用油各适量。

做法

1. 猪舌、猪肉均洗净，切成片，放入适量油、精盐腌渍片刻；水发冬菇、水发银耳均洗净，切块。
2. 锅内放入适量水，放入银耳、冬菇，旺火煮沸，改用小火煮15分钟，加猪舌片、猪肉片，煮至肉熟，加入精盐、味精调味即可。

营养小典 此汤生津止渴，补肺肾阴亏。

主料 猪腰、菜花、胡萝卜、西蓝花、洋葱各50克。

调料 精盐、味精、料酒、食用油各适量。

做法

1. 猪腰对半剖开，去除腰臊，洗净，剞花刀，切块；菜花、西蓝花均切小朵；胡萝卜、洋葱均切块。

2. 锅中倒油烧热，放洋葱块炒香，加入猪腰块、胡萝卜块、料酒炒匀，倒水煮沸，加入菜花、西蓝花、胡萝卜块煮熟,加精盐、味精调味即可。

猪腰菜花汤

此汤理肾气，润肺爽喉。

营养小典

鲜美猪腰汤

主料 猪腰、火腿各100克。

调料 姜丝、精盐、料酒各适量。

做法

1. 火腿切成丝。

2. 猪腰除腰臊，清洗干净，切丝，放入沸水锅略汆，捞出沥干。

3. 锅置旺火上，加适量水、料酒，放入姜丝、火腿丝、猪腰丝煮沸，调入精盐,改小火继续煨5分钟即成。

猪腰具有补肾气、通膀胱、消积滞、止消渴之功效。

营养小典

党参腰花汤

主料 党参15克，猪腰100克，豆芽150克。

调料 老姜、精盐、高汤各适量。

做法

1. 猪腰对半剖开，切去腰臊，剞花刀，切块；老姜切丝；豆芽、党参均洗净。
2. 高汤倒入煲锅内，加入党参、姜丝，中火煮沸，放入豆芽，再加入腰花，大火煮沸，转中火煮10分钟，加精盐调匀即可。

储存支招 党参买回来后没有一次性用完，应该密封好于干燥阴凉处存放。

胡椒猪肚汤

主料 猪肚300克，蜜枣10克。

调料 精盐、胡椒、淀粉各适量。

做法

1. 猪肚洗净，除去脂肪，用少许盐擦洗一遍，再用清水冲洗干净，再用淀粉、精盐擦洗一遍，再用清水冲洗干净，放入开水中烫煮5分钟，除去浮油及泡沫。
2. 将胡椒放入猪肚内，用线缝合。
3. 将猪肚与蜜枣一同放入清水瓦煲内，大火煲开，改小火煲2小时，除去胡椒，加精盐调味即可。

营养小典 此汤温中健脾，散寒止痛。

[主料] 牛肉、洋葱、豆角、红薯、胡萝卜各50克。

[调料] 薄荷叶、精盐、料酒、食用油各适量。

[做法]

1.牛肉洗净，切片；红薯、胡萝卜均去皮切块；洋葱切块；豆角切段。

2.锅中倒油烧热，放入洋葱炒香，加入牛肉煸炒片刻，倒入适量水煮沸，加入豆角段、红薯块、胡萝卜块、精盐、料酒继续煮至胡萝卜熟软入味，盛出，点缀薄荷叶即可。

牛肉蔬菜汤

此汤醒脑通脉，降火平肝，养五脏。

营养小典

党参牛排汤

[主料] 牛排500克，党参、桂圆肉各10克。

[调料] 姜片、精盐、味精各适量。

[做法]

1.将牛排洗净，切块，放入沸水锅汆去血水，捞出沥干；党参、桂圆肉均洗净。

2.牛排块、党参、桂圆肉、姜片同放入锅中，加入适量水，大火煮沸，改小火煲3小时，加精盐、味精调味即可。

党参具有补中益气，健脾益肺的功效。用于脾肺虚弱，气短心悸，食少便溏，虚喘咳嗽，内热消渴等。

营养小典

131

牛筋花生汤

主料 牛筋200克，花生米、胡萝卜各50克。

调料 精盐、味精、料酒、卤肉料、高汤各适量。

做法

1. 将牛筋洗净，放入高压锅内，加卤肉料、适量水，焖25分钟，捞出切块；胡萝卜去皮，切块。

2. 汤锅中倒入高汤烧沸，放入牛筋、花生米、胡萝卜块，加料酒，中火煮至牛筋熟烂，加入精盐、味精调味即可。

营养小典 此汤润肺和胃，强壮筋骨，益身健体。

牛尾汤

主料 牛尾500克，胡萝卜、洋葱各50克。

调料 香菜叶、XO酱、番茄酱、冰糖、料酒、食用油各适量。

做法

1. 牛尾洗净，放入沸水锅汆烫后捞出；胡萝卜、洋葱均洗净，切丁。

2. 净锅点火，倒油烧热，放入胡萝卜丁、洋葱丁炒香，加入料酒、番茄酱、XO酱、冰糖，放入牛尾段和适量水，大火烧开，转小火煲2小时，盛出，撒上香菜叶即可。

做法支招 牛尾应选择切好段的，否则自己回家处理过于麻烦。

主料 羊肉100克，黑豆、花生仁、水发木耳、红枣各30克。

调料 精盐、香油各适量。

做法

1.将羊肉洗净，斩成大块，放入沸水锅氽烫至变色，捞出沥干；黑豆、水发木耳、红枣用温水稍浸后淘洗干净；红枣去核。

2.煲内倒水烧沸，放入羊肉块、黑豆、花生仁、木耳、红枣，小火煲3小时，调入香油、精盐即可。

双黑羊肉汤

此汤补气补血，健脾养胃。

营养小典

羊肉大补汤

主料 羊排400克，白芷、甘草、肉桂、陈皮、当归、杏仁、党参、黄芪、茯苓、白术各5克。

调料 姜片、精盐各适量。

做法

1.羊排洗净，斩块；所有药料洗净，放入纱布袋中扎好。

2.羊肉块放入沸水中，加少许姜片焯透去腥。

3.煲中加水烧沸，放入纱布袋，中火煲30分钟，拣出纱布袋，放入羊排小火煲2小时，加精盐调味即可。

此汤滋润五脏，通脉补，可增强身体免疫力。

营养小典

羊排粉丝汤

主料 羊排骨500克，粉丝50克。

调料 葱段、姜片、蒜片、香菜段、精盐、醋、味精、食用油各适量。

做法

1. 将羊排骨洗净后剁成块；粉丝用温水泡发好。

2. 炒锅倒油烧热，放入葱段、姜片、蒜片爆香，放入羊排块翻炒片刻，倒入醋和适量水烧沸，撇去浮沫，转小火煮至羊肉酥烂，放入粉丝，加精盐、味精调味，撒上香菜段即可。

做法支招 挑选羊排骨时应选择骨骼细小的，这样的羊排鲜嫩。

生地羊肾汤

主料 羊肾200克，枸杞子10克，生地黄、杜仲各5克。

调料 姜片、精盐、食用油各适量。

做法

1. 羊肾洗净，从中间切为两半，除去白色脂膜，再次洗净；生地黄、枸杞子均洗净。

2. 锅中倒油烧热，放入羊肾、姜片翻炒片刻，加适量水，放入枸杞子、生地黄、杜仲，加适量精盐调味，大火烧开，改小火将羊肾炖至熟烂即可。

营养小典 此汤健脾肾，强身健体。

【主料】 黄豆、荸荠各50克，兔肉150克。

【调料】 精盐、味精、料酒各适量。

【做法】

1.黄豆洗净，浸泡2小时；荸荠去皮，洗净，切片；兔肉洗净，切大块，用料酒腌拌30分钟。

2.将黄豆、荸荠片同放入锅内，加适量水，大火煮沸，放入兔肉块，再煮沸后改小火煲2小时，加精盐、味精调味即可。

黄豆兔肉汤

此汤健脾，益胃，滋肾。

营养小典

【主料】 鸡翅根200克，山药、胡萝卜各50克。

【调料】 葱丝、香菜叶、精盐、料酒各适量。

【做法】

1.鸡翅根洗净切段，放入沸水锅氽烫后捞出；山药、胡萝卜均去皮，洗净切块。

2.汤煲中加适量水，放入鸡翅根段、山药块、胡萝卜块煮沸，烹入料酒，转小火煮1小时，加精盐调味，以葱丝、香菜叶点缀即可。

滋补鸡翅汤

此汤补中益气，长肌肉，益肺固精。

营养小典

黄芪炖鸡汤

主料 母鸡1只（约2000克），黄芪、枸杞子各10克，红枣10颗。

调料 葱段、姜片、精盐、米酒各适量。

做法

1.黄芪洗净，放入纱布袋内；母鸡洗净，放入沸水锅汆烫片刻、捞出沥水，切块；枸杞子、红枣均洗净。

2.鸡块、枸杞子、红枣同放进锅中，加入适量水，放入纱布袋、葱段、姜片，小火炖焖1小时，加精盐、米酒调味，煮沸即可。

做法支招 黄芪以条粗长、皱纹少、质坚而绵、粉性足、味甜者为好。

鸡架杂菜丝汤

主料 鸡架200克，油菜、圆白菜各100克。

调料 葱段、姜片、花椒、精盐各适量。

做法

1.鸡架洗净；油菜、圆白菜均洗净，切丝。

2.鸡架放入锅中，加水淹没鸡架，放入葱段，姜片、花椒，中火熬煮30分钟。撇去浮油，加精盐调味，放入菜丝煮软即可。

做法支招 煮鸡架的汤可作下面条时的上汤。

主料 乌鸡1只（约1000克），白凤尾菇50克，枸杞子10克。

调料 葱段、姜片、精盐、料酒各适量。

做法

1. 乌鸡宰杀洗净；白凤尾菇洗净切片；枸杞子洗净。

2. 锅中倒水，放入姜片煮沸，放入乌鸡、葱段、姜片、枸杞子，倒入料酒，小火焖煮至鸡肉酥软，放入白凤尾菇片，加入精盐调味，沸煮3分钟即可。

乌鸡白凤汤

乌骨鸡滋补肝肾的效用较强。

营养小典

主料 乌鸡、乳鸽各1只。

调料 姜片、葱段、精盐、味精、料酒、胡椒粉、香油各适量。

做法

1. 乌鸡、乳鸽均宰杀洗净，切块，放入沸水锅汆烫片刻，捞出沥水。

2. 炖锅内倒入适量水，放入乌鸡块、乳鸽块，加姜片、葱段、料酒，大火烧沸，转小火炖至肉熟烂，加精盐、味精、胡椒粉、香油调味即成。

乌鸡炖乳鸽汤

此汤养阴退热、补肾壮阳、护肤美容。

营养小典

老鸭芡实汤

主料 🦆 老鸭1只（约4000克），芡实100克。

调料 🧂 精盐适量。

做法 👨‍🍳

1.将老鸭去毛及内脏，洗净，切块；芡实洗净。

2.将老鸭块放入砂锅内，加适量水，小火煨至鸭肉八成熟，加入芡实，煮至鸭肉熟烂，加精盐调味即可。

营养小典 此汤补虚除热，益肾涩精。

鸭肉山药汤

主料 🦆 净鸭1只（约4000克），山药150克。

调料 🧂 葱段、姜片、精盐、料酒各适量。

做法 👨‍🍳

1.净鸭去内脏，洗净，入沸水锅氽烫片刻，捞出沥干，切成小块，氽烫鸭子的汤汁撇去浮沫后留用；将山药去皮，洗净，切块。

2.锅中倒入氽烫鸭子的汤汁，放入鸭块，大火煮沸，加料酒、姜片、葱段，转小火煲至鸭块八成熟，加入山药块、精盐，煲至鸭块熟烂即可。

营养小典 此汤健脾养胃。

鲜美水产汤

主料 鱼肉200克，水发木耳、黄瓜各50克。

调料 精盐、味精、淀粉、清汤各适量。

做法

1.将鱼肉去刺、切碎，与淀粉、精盐搅拌均匀,搅打至上劲,制成鱼丸;水发木耳洗净，撕成小朵；黄瓜去皮洗净，切丝。

2.锅中倒入清汤煮沸，放入鱼肉丸煮至浮起，放入木耳、黄瓜丝煮沸，加精盐、味精调味即可。

鱼丸汤

此汤可保护心血管系统。 营养小典

主料 鲤鱼1条（约1500克），黑豆50克。

调料 精盐适量。

做法

1.将鲤鱼洗净，去鳞、去内脏。

2.黑豆洗净，装入鱼腹中。

3.将鲤鱼放入清水锅中，大火烧开，改小火炖至鱼、黑豆均烂熟成浓汤，加入适量精盐调味即可。

乌豆鲤鱼汤

此汤补肾健脾，壮阳润肺，消肿利尿。 营养小典

鲤鱼红小豆汤

主料 鲤鱼1条（约1500克），红豆50克。

调料 草果、橘皮、花椒、葱段、姜片、香菜叶、精盐、香油各适量。

做法

1. 鲤鱼宰杀洗净；红豆洗净。
2. 将红豆、橘皮、花椒、草果装进鱼腹中。
3. 将鲤鱼放入煲中，加适量水，加葱段、姜片、精盐炖至汤汁浓白，加入香菜叶，滴香油即可。

营养小典 此汤对心源性，肾源性水肿及肝硬化、腹水等症有一定疗效。

酸汤鲤鱼

主料 鲤鱼1条（约1500克），茶叶20克。

调料 精盐、醋各适量。

做法

1. 鲤鱼刮去鳞，去内脏，洗净后切段。
2. 将鲤鱼段与醋、茶叶一起入锅，加适量水，以小火煨至鱼熟，加适量精盐调味即成。

营养小典 此汤健脾利尿，消炎解毒。

主料🥄 冬瓜100克，草鱼1条（约1500克）。

调料🧂 精盐、食用油各适量。

做法👨‍🍳

1.草鱼去鳞、去内脏，洗净后沥干水分，放入热油锅内煎至变色。

2.冬瓜削皮去瓤，洗净切块。

3.将煎好的草鱼与冬瓜块同入锅内，加入适量水煨煮至鱼熟冬瓜烂，加精盐调味即成。

冬瓜草鱼汤

此汤利尿消肿，清热解毒。

营养小典

主料🥄 青鱼250克，蛋清30克。

调料🧂 精盐、味精、葱汁、姜汁、淀粉各适量。

做法👨‍🍳

1.将青鱼肉洗净，用刀切成大薄片，放入精盐、蛋清、葱汁、姜汁、味精、淀粉拌匀上浆，放入冰箱冷藏片刻。

2.炒锅内放入清水煮沸，再倒入鱼片划散，捞出，装入碗中即可。

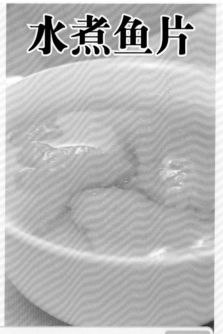

水煮鱼片

食用时，可配有辣椒酱味碟蘸食。

营养小典

鱼片香汤

主料 鲈鱼1条，胡萝卜30克。

调料 大葱、香菜梗、姜片、精盐、料酒、高汤各适量。

做法

1. 鲈鱼宰杀处理干净，去头、剔骨，鱼肉切片；大葱切丝；胡萝卜去皮切丝；香菜梗洗净。

2. 将葱丝、胡萝卜丝、香菜梗加少许盐拌匀。

3. 锅中倒入高汤煮沸，下入鱼片、姜片、料酒氽熟，下入精盐调味，撒上拌好的三丝即可。

营养小典 此汤清热降火，补益气血，抗疲劳。

浓香鳕鱼汤

主料 银鳕鱼肉200克，洋葱、西蓝花、土豆、胡萝卜、口蘑、白面包丁各50克，牛奶适量。

调料 黄油10克，精盐适量。

做法

1. 银鳕鱼肉洗净，切块；洋葱切丁；西蓝花掰成小朵；土豆洗净，去皮切丁；胡萝卜、口蘑均洗净，切丁。

2. 锅中倒油烧热，下洋葱丁炒香，放入胡萝卜丁、土豆丁、口蘑丁、西蓝花炒匀，淋入牛奶，下入鳕鱼肉块、黄油、精盐，中火煮沸后再煮5分钟，放入白面包丁即可。

营养小典 此汤开胃健脾，增强体力。

鲜虾丝瓜鱼汤

主料 比目鱼200克，玉米笋、鲜虾、丝瓜各50克。

调料 精盐、虾酱、鱼露、清汤各适量。

做法

1. 比目鱼撕去两面的鱼皮，切去头尾，去内脏，洗净切段；鲜虾去除头壳，挑去虾线，洗净；丝瓜切块；玉米笋洗净。

2. 汤锅内加适量清汤烧沸，放入上述材料煮沸，加入虾酱、鱼露焖煮10分钟，调入精盐即可。

做法支招 鱼露是我国潮汕地区和东南亚国家常用的调味料，可在超市或网店购得。鱼露较咸，使用时要注意控制用量。

腐竹甲鱼汤

主料 甲鱼1只（约1200克），腐竹50克，川贝母10克。

调料 葱段、姜块、精盐各适量。

做法

1. 将甲鱼去壳及内脏，取肉，洗净，切成块。

2. 川贝母、腐竹均洗净，将腐竹放在冷水中泡软后取出，切小段。

3. 将甲鱼块、川贝母、腐竹段、葱段、姜块同下入锅中，加适量水煮沸，改中火持续煨至甲鱼熟烂，加精盐调味即可。

饮食宜忌 此汤消炎平喘，润肺止咳，去热除燥，宜用于糖尿病、肺结核、咽喉炎、支气管炎、肺炎等症。

甲鱼猪脊汤

主料 甲鱼肉、猪脊骨各200克。

调料 姜块、葱段、精盐、酱油、胡椒粉各适量。

做法

1. 甲鱼肉洗净切块；猪脊骨洗净斩块。
2. 将甲鱼块、猪脊骨块入开水锅中焯透，撇去浮沫，捞出用凉水冲净。
3. 将甲鱼块与猪脊骨块放入锅内，加适量水、姜块、葱段，小火煮熟，加酱油、胡椒粉、精盐调味即可。

营养小典 此汤滋阴补肾，填精补髓。

黄瓜墨鱼汤

主料 黄瓜、墨鱼各100克。

调料 精盐、味精、小苏打、葱姜汁、料酒、高汤、香油各适量。

做法

1. 黄瓜洗净，去瓤，切片。
2. 墨鱼洗净，切片，加少量小苏打搓洗片刻，漂净、沥干水分。
3. 将高汤倒入锅中烧沸，下入黄瓜片、墨鱼片，加入料酒、精盐、味精、葱姜汁，大火煮沸，撇去浮沫，滴几滴香油即可。

营养小典 乌贼味咸、性平，入肝、肾经；具有养血、通经、催乳、补脾、益肾、滋阴、调经、止带之功效。

主料 墨鱼、蛤蜊、鲜虾各50克。
调料 精盐适量。
做法

1.墨鱼撕去表皮，清洗干净，从内侧切花刀，再切成小块；蛤蜊、鲜虾均洗净。

2.汤锅内加适量水，放入上述材料，以小火煮熟，加精盐调味即可。

墨蛤鲜虾汤

此汤补肾填精，养血滋阴。

营养小典

滋补海鲜煲

主料 鱿鱼150克，虾仁、蟹肉棒各100克，海带75克。
调料 精盐、高汤各适量。
做法

1.虾仁去虾线，洗净；蟹肉棒切块；鱿鱼洗净，剞花刀，切块；海带洗净，切块。

2.净锅上火，倒入高汤，加入鱿鱼块、虾仁、蟹肉棒、海带小火煲熟，调入精盐，烧至入味即可。

此汤滋阴养胃，补虚润肤，通便排毒。

营养小典

螃蟹瘦肉汤

主料 螃蟹1只（约250克），青豆、猪瘦肉、鲜贝、山药各30克。

调料 精盐适量。

做法

1. 猪瘦肉洗净切块，放入沸水中氽烫至变色，捞出。
2. 螃蟹洗净，去壳，斩成大块，放入沸水中氽烫片刻，捞出；山药去皮洗净，切块；鲜贝、青豆均洗净。
3. 煲中倒适量水煮沸，加入上述材料，大火煲10分钟，转至小火煲1小时，加精盐调味即可。

营养小典 此汤清热散血，健脾调中，补虚损。

益肾壮阳汤

主料 大虾、泥鳅各100克。

调料 姜片、精盐各适量。

做法

1. 大虾去除肠线、脚、尾，洗净；泥鳅去肠杂，冲洗干净。
2. 锅中倒入适量水，放入大虾、泥鳅、姜片，大火烧开，煮5分钟，加精盐调味即可。

营养小典 此汤助阳纳气，养脾补肾。

【主料】 虾仁50克，韭菜25克，豆腐100克。

【调料】 精盐、水淀粉、香油各适量。

【做法】

1.虾仁洗净；韭菜洗净切碎；豆腐洗净，切片。

2.将上述食材一同放入沸水锅内煮5分钟，调入水淀粉续滚，加精盐、香油调味即可。

虾韭豆腐汤

此汤补肾壮阳，益肝理气。

营养小典

豆腐虾仁汤

【主料】 豆腐300克，虾仁50克，枸杞子20克。

【调料】 葱花、香菜末、精盐、酱油、料酒、水淀粉、食用油各适量。

【做法】

1.将豆腐洗净，用沸水烫一下捞出，切成小块；虾仁和枸杞子洗净；将料酒、葱花、精盐、酱油和水淀粉同放碗中，调成芡汁。

2.锅内倒油烧热，放入虾仁，大火炒熟，加入豆腐块、枸杞子，倒入适量水，大火烧开，转小火炖30分钟，倒入芡汁，煮2分钟，出锅撒香菜末即可。

虾仁翻炒数下即可加水。

做法支招

菜心虾仁鸡汤

主料 嫩菜心、虾仁、鸡肉各50克。

调料 姜末、精盐各适量。

做法

1. 嫩菜心洗净;虾仁洗净;鸡肉洗净,切片。

2. 瓦煲中加入适量水煮开,放入姜末、鸡肉片和虾仁,大火煮至鸡肉熟,放入嫩菜心,加少许精盐调味即可。

营养小典 此汤健脾补肾,滋补强身。

虾尾梅干菜汤

主料 虾仁、梅干菜各50克,胖头鱼中段鱼肉100克。

调料 葱花、姜末、精盐、味精、料酒、高汤、食用油各适量。

做法

1. 胖头鱼肉洗净,在鱼块两侧划斜刀口,抹上精盐、料酒腌渍10分钟;虾仁洗净;梅干菜洗净,放入热水锅焯烫片刻,捞出控干水分,切碎。

2. 锅中倒油烧热,加入葱花、姜末炒香,下入梅干菜炒匀,放入鱼块稍煎,烹入料酒,倒入适量高汤,放入虾仁,大火煮沸,加精盐、味精调味,转小火煮20分钟即可。

营养小典 此汤开胃下气,益血生津。

青苹果鲜虾汤

[主料] 大虾50克，青苹果100克，橙汁50毫升。

[调料] 香菜末、姜片、精盐、胡椒粉、高汤各适量。

[做法]

1. 大虾洗净，剥去外壳，留虾头，除去虾线；青苹果洗净切块。

2. 锅中加高汤煮沸，放入虾壳、姜片煮10分钟，过滤渣质，留清汤，放入青苹果块，加精盐、胡椒粉、橙汁调味，加入大虾煮至虾变红，撒入香菜末即可。

此汤补肾壮阳，益心气，和脾胃。

营养小典

泥鳅河虾汤

[主料] 活泥鳅、活河虾各150克。

[调料] 精盐适量。

[做法]

1. 将活泥鳅去内脏洗净；河虾清洗干净。

2. 将泥鳅、河虾一同放入锅内，加适量水，以小火煮熟，加精盐调味即成。

此汤祛湿解毒，补肾壮阳。

营养小典

银白蛎黄汤

主料 小白菜、黄豆芽、蛎黄各50克。

调料 姜丝、精盐、味精、清汤、香油各适量。

做法

1.蛎黄洗净；小白菜洗净切段；黄豆芽洗净。

2.锅中倒油烧热，放入姜丝爆香，倒入清汤，加入蛎黄、黄豆芽，调入精盐、味精，中火煮至汤沸，撇去浮沫，放入小白菜段，再煮20钟，淋香油即可。

营养小典 此汤解酒毒，解丹毒，治虚损。

双耳牡蛎汤

主料 水发木耳、牡蛎各100克，水发银耳50克。

调料 精盐、味精、醋、料酒、葱姜汁、高汤各适量。

做法

1.水发木耳、水发银耳均洗净，撕成小朵；牡蛎放入沸水锅中汆焯片刻后捞出。

2.锅置火上，倒入高汤烧开，放入木耳、银耳、料酒、葱姜汁、味精煮10分钟，倒入牡蛎，加精盐、醋煮熟，加味精调味即可。

做法支招 优质银耳干燥，色泽洁白，肉厚而朵整，圆形伞盖，直径3厘米以上，无蒂头，无杂质。

主料 蛤蜊300克，玉米粒、腊肉各50克，淡奶油500毫升，芹菜末10克。

调料 精盐、胡椒粉各适量。

做法

1. 蛤蜊放入淡盐水中吐净泥沙，冲净；腊肉切碎。

2. 锅中倒入淡奶油，放入蛤蜊煮至蛤蜊张开，放入玉米粒、腊肉、芹菜末稍煮片刻，加精盐、胡椒粉调味即可。

奶油蛤蜊汤

如无新鲜玉米粒，也可以用罐头玉米粒代替。

做法支招

主料 水发海参100克，香菇50克，枸杞子10克。

调料 葱花、姜片、精盐、味精、酱油、白糖、料酒、食用油各适量。

做法

1. 水发海参洗净，切大块；枸杞子洗净；香菇洗净，切块。

2. 炒锅倒油烧热，放入姜片爆香，倒入海参块、香菇块炒匀，加料酒、酱油、白糖调味，加适量水烧沸，小火焖至海参熟，加入枸杞子稍煮，加精盐、味精调味，撒葱花即成。

枸杞海参汤

此汤滋补肝肾，养血润燥。

营养小典

海参牛肝菌汤

主料 🥄 牛肝菌、水发海参各100克，韭菜25克。

调料 🧂 精盐、酱油、料酒、鸡汤、花椒油各适量。

做法 🍳

1. 牛肝菌洗净；韭菜洗净，切段；水发海参洗净。
2. 锅中倒鸡汤烧沸，放入牛肝菌、海参，调入酱油、料酒、精盐，小火慢炖30分钟，加入韭菜段，淋花椒油即可。

营养小典 牛肝菌具有清热解烦、养血和中、追风散寒、舒筋和血、补虚提神等功效，是中成药"舒筋丸"的原料之一。

海参当归汤

主料 🥄 水发海参300克，当归30克，百合20克。

调料 🧂 姜丝、精盐、胡椒粉、高汤、食用油各适量。

做法 🍳

1. 将水发海参从腹下开口取出内脏，洗净，放入高汤锅中煮1小时，捞起备用。
2. 炒锅倒油烧热，爆香姜丝，加入适量水、当归煮沸，加入百合、海参，大火煮5分钟，加精盐、胡椒粉调味即可。

做法支招 发好的海参不能久存，最好不超过3天，存放期间用凉水浸泡，每天换2次水，不要沾油，也可放入冰箱中冷藏。